计算机类技能型理实一体化新形态系列

Java程序设计基础

项目化教程

（微课版）

主　编　　陶　南　李　威
　　　　　尹　菡
副主编　李　超　林　萍
　　　　　杨　强

清华大学出版社
北　京

内 容 简 介

本书以培养学生的 Java 语言应用能力为主线，内容紧密对接行业需求和最新技术，强调实战应用，通过有价值的软件开发项目案例，逐步引导学生掌握 Java 编程基础、软件开发流程等关键技能。

本书全面系统地介绍了 Java 程序开发所涉及的各类基本语法知识。全书共分为 7 章，以项目化的形式组织授课内容，包括打印软件功能菜单(Java 运行机制)、设计班费结算明细表(变量和数据类型)、设计个性计算器(选择结构)、开发算术测试小软件(循环结构)、开发爱心宠物领养平台(面向对象编程)、开发图书销售管理系统(数组)以及使用 AI 大模型编程工具升级图书销售管理系统(AI 自动化编程工具)。

本书作为新形态一体化教材，配套建设了微课视频、授课用 PPT、源程序、课后习题、习题答案、综合实训等数字化学习资源，与本书配套的数字课程在超星"学银在线"平台上线，读者可以登录进行学习和下载基本教学资源。

本书取材新颖、概念清楚、结构合理、适用性强，便于教师指导教学和学生自学。可作为高校计算机相关专业的教材，同时也适合 Java 爱好者、Java 项目开发人员使用。

图书在版编目（CIP）数据

Java 程序设计基础项目化教程：微课版 / 陶南，李威，尹菡主编. -- 北京：清华大学出版社，2024.9.
(计算机类技能型理实一体化新形态系列). -- ISBN 978-7-302-67179-4

Ⅰ. TP312

中国国家版本馆 CIP 数据核字第 202481YX47 号

责任编辑：张龙卿
封面设计：刘代书　陈昊靓
责任校对：李　梅
责任印制：刘　菲

出版发行：清华大学出版社
　　网　　址：https://www.tup.com.cn，https://www.wqxuetang.com
　　地　　址：北京清华大学学研大厦 A 座　　　邮　　编：100084
　　社 总 机：010-83470000　　　　　　　　　邮　　购：010-62786544
　　投稿与读者服务：010-62776969，c-service@tup.tsinghua.edu.cn
　　质量反馈：010-62772015，zhiliang@tup.tsinghua.edu.cn
　　课件下载：https://www.tup.com.cn，010-83470410
印 装 者：天津鑫丰华印务有限公司
经　　销：全国新华书店
开　　本：185mm×260mm　　　印　张：13　　　字　数：309 千字
版　　次：2024 年 9 月第 1 版　　　　　　　印　次：2024 年 9 月第 1 次印刷
定　　价：49.00 元

产品编号：100723-01

前　言

随着信息技术的飞速发展,Java 语言以其跨平台、面向对象、简洁高效等特性成为软件开发领域中的重要语言之一。Java 语言不仅广泛应用于企业级应用、移动应用、大数据平台,还在云计算、物联网等新兴技术领域展现出其独特的优势。Java 语言的广泛应用不仅推动了技术的创新,也促进了人才的培养,为社会经济的发展注入了新的活力。

党的二十大报告指出,推进实践基础上的理论创新,首先要把握好新时代中国特色社会主义思想的世界观和方法论,坚持好、运用好贯穿其中的立场、观点、方法。本书在编写过程中深入贯彻了这一指导思想,将理论与实践相结合,强调了 Java 语言在新时代背景下的应用与发展。我们认为,Java 语言不仅是技术工具,更是推动新质生产力发展的重要力量,因此,本书在内容设置上不仅注重技术的传授,更强调了理论的引导和实践的深化。

本书的主要特色如下。

(1) 寓德于技,价值目标引领。本书将思政元素融入项目实践各阶段,以技为媒,最后通过"知识驿站""项目评价"等环节对知识技能进行课外拓展和思政提炼,增强学生的专业视野和情感体验。

(2) 精准定位,理论新颖实用。本书专注于计算机大类平台课程,强调基础理论与数字技能的双重培养,特别是大模型编程的基础知识和应用实践。通过精选与实际应用紧密相关的情景项目,结合大模型编程的有效应用,不仅可以激发学生的兴趣,也为学生提供了数字赋能,为未来职业生涯和数字时代的挑战做好准备。

(3) 体例清晰,任务驱动导向。本书在内容组织上遵循认知规律和职业素养生成路径,引入"单元技能任务"+"综合项目"的分层设计,通过"项目任务—技能要求—技术储备—任务演练—项目实施",将每章综合项目的各技能点巧妙融入独立的子任务中,体现了"由简单到复杂、由单项到综合"的实践教学特色。

本书由陶南、李威、尹菡担任主编,李超、林萍、杨强担任副主编。主编对全书进行了规划与统稿。本书在编写过程中,得到了北京中软国际教育科技股份有限公司给予的大力支持,杨强工程师对本书的项目案例和实训任务提出了许多建设性的意见,在此表示最诚挚的感谢。

本书凝聚了作者在 Java 程序开发方面多年的体会和经验,但限于水平和编写时间,书中不足之处在所难免,敬请读者多提宝贵意见,我们将不胜感激。

编 者

2024 年 6 月

目　录

项目 1　打印软件功能菜单

技能目标

- 了解 Java 语言的发展历史和主要特点。
- 理解 Java 语言的运行机制。
- 学会 JDK 的安装与配置方法。
- 编写并运行第一个 Java 程序。
- 了解 Eclipse/IDEA 的使用方法。

知识图谱

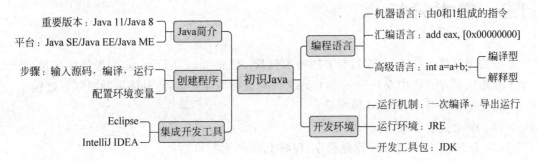

教学重难点

教学重点：

- Java 环境的安装；
- Java 程序的结构；
- 运行 Java 程序的方法和步骤；
- 集成开发工具的基本功能；
- Eclipse 的基本用法。

教学难点：

- Java 语言的运行机制；
- 配置环境变量；
- Java 代码常见的要素；
- Java 项目的创建和导入；
- Java 语言的优缺点。

1.1　项目任务

在计算机世界中,菜单指的是计算机操作系统或者软件的操作命令目录,也可称为选项列表。因为类似于点菜的菜单,故大家习惯上将这些操作命令目录称为菜单。菜单也是软件系统的门面,是界面设计中最重要的元素,菜单的设计是否合理直接影响软件的使用效果。

如何设计并打印一个符合要求的菜单呢? 一般要求从软件系统的功能需求出发,可以参考以下设计原则:

(1) 菜单通常采用"常用→主要→次要→工具→帮助"的位置排列;

(2) 菜单的使用有先后次序要求或有向导作用时,应该按先后次序排列;

(3) 没有顺序要求的菜单项按使用频率和重要性排列,重要的放在开头,次要的放在后边。

在本项目中,我们将初步接触 Java,理解 Java 的运行机制和编译过程,并使用最基本的输出功能实现"成绩管理系统"功能菜单的打印。

1.2　需求分析

根据项目任务描述,本项目需要的技术包括:搭建 Java 运行环境,配置环境变量,在记事本或集成开发工具中编写 Java 源代码文件并进行编译和运行,具体可参照以下过程:

(1) 先安装 JDK,配置环境变量;

(2) 在记事本中编写 Java 源程序;

(3) 使用 JDK 编译和运行此程序,理解 Java 的运行机制;

(4) 在 Eclipse/IDEA 中编写系统菜单打印的程序,设计系统菜单并进行输出,熟悉在集成开发环境中的程序运行步骤。

1.3　技术储备

1.3.1　如何与计算机对话

如何与计算机进行对话呢? 这肯定要通过语言。就像中国人用中文进行交流、美国人用英语进行交流一样,与计算机进行交流的语言叫作编程语言。换句话说,编程语言是一种向计算机发起命令且控制它行为的语言。编程语言经历了以下三个阶段。

1. 机器语言

计算机的世界是 0 与 1 的世界,从根本上说,计算机只能识别由 0 和 1 组成的指令。由于机器指令与 CPU 紧密相关,所以以不同种类的 CPU 所对应的机器指令也就不同,而且它们的指令系统往往相差很大。机器语言难写难记,难以推广使用,在计算机发展初期只有极少数的专业人员才会编写计算机程序。

例如,在 x86 架构中,一个基本的加法指令可能看起来像这样:

81 C0 00 00 00 00

这里,81 是操作码,表示 32 位立即数的加法操作;C0 是 MODRM 字节,表示目标操作数是 EAX 寄存器;00 00 00 00 是立即数 0 的 32 位表示。

2. 汇编语言

程序员如果每天不停写 10101001010……很容易造成混乱。于是有人就想把这些指令用英语单词表示出来,之前 81 代表加法指令,直接写 add 岂不是更好?于是汇编语言出现了,它的可读性比机器语言增强了很多,例如,上面的加法操作在汇编语言中可能看起来像以下指令:

add eax, 0   ;将立即数 0 加到 eax 寄存器

或者

add eax, [0x00000000]   ;将地址 0x00000000 处的值加到 eax 寄存器

汇编语言中的 add、mov、loop、sub 等都是见名思义,每条指令几乎和机器指令一一对应,这样只要再拥有一个类似"翻译器"的东西,把它翻译成机器语言就可以了。但是,还是存在 0x00000000 这种内存地址信息,可见仍然是面对硬件编程,不同型号的计算机使用的汇编语言不能通用。汇编语言仍然对程序员不友好,只有懂了硬件才能编写程序,于是,面向程序员的高级语言开始诞生了。

图 1-1 演示了汇编语言的执行过程。

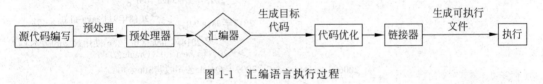

图 1-1　汇编语言执行过程

3. 高级语言

高级语言是绝大多数编程者的选择。与汇编语言相比,它不但将许多相关的机器指令合成为单条指令,并且去掉了与具体操作有关但与完成工作无关的细节,例如使用堆栈、寄存器等,这样就大大简化了程序中的指令。同时,由于省略了很多细节,编程者也就不需要有太多的专业知识。

将上述汇编语言中的加法操作改写为高级语言,如 Java,可以非常简单。

int value = 2;   // 定义并初始化变量 value 为 2
int result;   // 定义变量 result,用于存储结果
result = result + value;   // 将 value 的值累加到 result 上

高级语言所编制的程序不能直接被计算机识别,必须经过转换才能被执行,按转换方式可将它们分为编译型和解释型两类。

(1)编译型语言:把做好的源程序全部编译成二进制代码的可运行程序,然后直接运行这个程序。

(2)解释型语言:把做好的源程序翻译一句,然后执行一句,直至结束。

那它们之间有什么区别呢?举个例子,我们与外国人沟通时,需将中文转为外语。解释型语言的运行方式就像在进行同声翻译,我们说一句,它翻译一句;而编译型语言则先获取我们的发言稿,并将其翻译成目标外语文件,再整体进行输出,但要转为第三种外语则需要

重新进行翻译。

因此不难得出,编译型语言的执行速度快、效率高,但它依靠编译器、跨平台性差些;而解释型语言的执行速度慢、效率低,但依靠解释器、跨平台性好。

1.3.2 Java 语言发展历史和版本

Java 是 1995 年由 Sun 公司推出的一种极富创造力的高级语言,由有"Java 之父"之称的 Sun 研究院院士 James Gosling(詹姆斯·高斯林,图 1-2)创立的。Java 最初的名字是 Oak,1995 年被重命名为 Java 后正式发布。

Java 是一种面向 Internet 的编程语言。Java 一开始富有吸引力是因为 Java 程序可以在 Web 浏览器中运行,这些 Java 程序被称为 Java 小程序(applet)。随着 Java 技术在 Web 方面的不断成熟,特别是其"一次编译,到处运行"的跨平台特性,已经成为 Web 应用程序的首选开发语言。

图 1-2　James Gosling

1. Java 语言的发展历程

Java 语言的发展历程如图 1-3 所示。

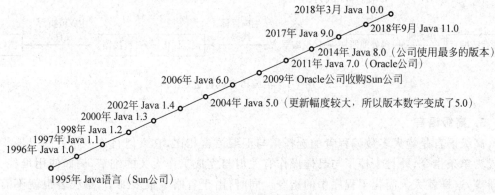

2018年3月 Java 10.0
2018年9月 Java 11.0
2017年 Java 9.0
2014年 Java 8.0(公司使用最多的版本)
2011年 Java 7.0(Oracle公司)
2009年 Oracle公司收购Sun公司
2006年 Java 6.0
2004年 Java 5.0(更新幅度较大,所以版本数字变成了5.0)
2002年 Java 1.4
2000年 Java 1.3
1998年 Java 1.2
1997年 Java 1.1
1996年 Java 1.0
1995年 Java语言(Sun公司)

图 1-3　Java 发展历程

对应时间节点的关键事件如下。

(1) 1996 年,发布 JDK 1.0,约 8.3 万个网页应用 Java 技术来制作。

(2) 1997 年,发布 JDK 1.1,JavaOne 会议召开,创当时全球同类会议规模之最。

Java 语言发展
历史和版本

(3) 1998 年,发布 JDK 1.2,同年发布企业平台 J2EE。

(4) 1999 年,Java 分成 J2SE、J2EE 和 J2ME,JSP/Servlet 技术诞生。

(5) 2004 年,发布里程碑式版本 JDK 1.5,为突出此版本的重要性,更名为 JDK 5.0。

(6) 2005 年,J2SE 改名为 JavaSE,J2EE 改名为 JavaEE,J2ME 改名为 JavaME。

(7) 2009 年,Oracle 公司收购 Sun 公司,交易价格为 74 亿美元。

(8) 2011 年,发布 JDK 7.0。

(9) 2014 年,发布 JDK 8.0,是继 JDK 5.0 以来变化最大的版本,也是目前使用最广泛的版本。

(10) 2017 年,发布 JDK 9.0,最大限度实现模块化。

(11) 2018 年 3 月,发布 JDK 10.0,版本号也称为 18.3。

(12) 2018 年 9 月,发布 JDK 11.0,版本号也称为 18.9。

(13) 2019 年 3 月,发布 JDK 12.0。

(14) 2019 年 9 月,发布 JDK 13.0。

……

2. Java 的三个技术平台

针对不同的开发市场,Sun 公司将 Java 划分为三个技术平台,分别是 Java SE、Java EE 和 Java ME。

(1) Java SE(Java platform standard edition,Java 平台标准版)。该版本是为开发普通桌面和商务应用程序提供的解决方案。JavaSE 是三个平台中最核心的部分,JavaEE 和 JavaME 都是从 JavaSE 的基础上发展而来的,JavaSE 平台中包括了 Java 最核心的类库,如集合、I/O、数据库连接以及网络编程等。

(2) Java EE(Java platform enterprise edition,Java 平台企业版)。该版本是为开发企业级应用程序提供的解决方案。Java EE 可以被看作一个技术平台,该平台用于开发、装配以及部署企业级应用程序,其中主要包括 Servlet、JSP、JavaBean、EJB、Web Service 等。

(3) Java ME(Java platform micro edition,Java 平台微型版)。该版本是为开发电子消费产品和嵌入式设备提供的解决方案。Java ME 主要用于微型数字子设备上软件程序的开发。例如,为家用电器增加智能化控制和联网功能,为手机增加游戏和通讯录管理功能。

1.3.3 安装 Java 开发环境

Java 是以工具包的形式进行发布的,简称 JDK(Java development kit,Java 开发工具包),在 JDK 中包含了 Java 开发工具和 JRE(Java runtime environment,Java 运行环境),而 JRE 中又包含了 Java 的基础类库和 JVM(Java virtual machine,Java 虚拟机),图 1-4 展示了这种包含关系。

JDK 是提供给 Java 开发人员使用的,如果安装了 JDK,就不用再单独安装 JRE 了。而如果不需要开发而只需要运行 Java,则只需单独下载 JRE 进行安装即可。

图 1-4　JDK 组成　　　　　　　安装 Java 开发环境

从图 1-4 可以看到,JRE 中包含了 JVM,正是有了不同操作平台的 JVM,Java 才能够实现"一次编译,到处运行"的特性。那它是怎么做到的呢?请看图 1-5。

图 1-5 演示了 Java 语言的编译过程:Java 源代码程序首先被编译成为一种中间文件,也叫 Java 字节码文件,然后再由目标机器上的 JVM 解释成为能在该操作系统上运行的机

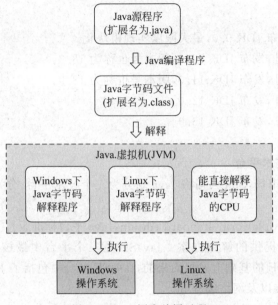

图 1-5　Java 语言编译过程

器指令。简单地说,JVM 就是一个操作系统平台的翻译机:Windows 版本的 JVM 把 Java 字节码翻译成 Windows 系统可以运行的指令,Linux 版本的 JVM 可以把 Java 字节码翻译成 Linux 系统可以运行的指令。原则上不同的平台只要有不同的 JVM 虚拟机,就可以实现 Java 的跨平台运行。

那 Java 语言到底是解释型语言还是编译型语言呢? 同学们可以通过查找资料,说说自己的看法。

1. 下载 JDK

接下来,让我们登录 Oracle 公司官网提供的 JDK 下载界面(图 1-6),根据不同的操作系统,选择页面中对应的下载链接。

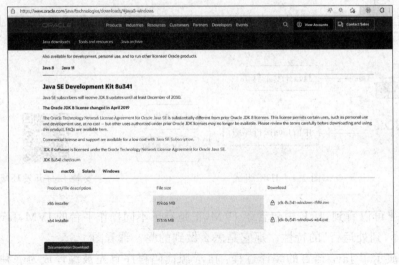

图 1-6　JDK 官方下载页面

目前的最新版本是 Java SE 18,也可选择最常用的 Java SE 8 版本的 JDK,该版本在图 1-6 中的更新版本为 8u341,文件全称为 jdk-8u431-windows-x64.exe,表示在 Windows 64 位操作系统下运行的 JDK。

2. 安装 JDK

运行下载的 JDK 安装包,按照图 1-7 的提示完成安装,默认安装位置为 Program Files\Java\。我们也可自定义目录,目录名称最好不要出现中文信息。

当提示安装 JRE 时,正常在 JDK 安装时已经装过了,但是为了后续使用 Eclipse 等开发工具时不报错,建议也根据提示安装 JRE。

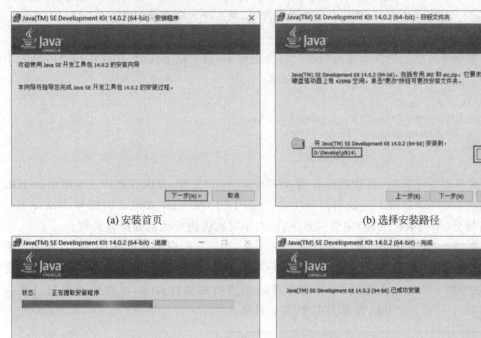

(a) 安装首页　　　　　　　　　　　　(b) 选择安装路径

(c) 提取安装程序　　　　　　　　　　(d) 安装成功

图 1-7　JDK 安装过程

安装完成后进入安装路径,可以看到 jdk 文件夹下有如图 1-8 所示的文件结构。

- bin:该路径下存放了 JDK 的各种工具命令。
- db:该路径是安装 Java DB 的路径。
- include:一些平台特定的头文件。
- jre:该路径下安装的是运行 Java 程序所必需的 JRE 环境。
- lib:该路径下存放的是 JDK 工具命令的实际执行程序。

图 1-8　文件结构

- src.zip：该压缩文件里存放的是Java所有核心类库的源代码。
- LICENSE和README.html：说明性文档。

值得一提的是，在JDK的bin目录下放着很多重要的可执行程序，其中最重要的就是javac.exe和java.exe。exe是一种文件的后缀名，表示可执行程序的意思。后面会专门对这两个命令进行讲解。

1.3.4　创建和运行第一个Java程序

Hello World的中文意思是"你好世界"。该程序的效果就是让程序展示一段文字，内容为Hello World。程序员在学习任何一门编程语言时，第一个入门案例经常是Hello World。

1. 创建步骤

（1）使用最简单的记事本编写程序。打开记事本，输入以下代码，注意代码要区分大小写，具体的代码作用在本项目后面再进行介绍。

```
public class Welcome{
    public static void main(String[] args) {
        System.out.println("Hello World!");
    }
}
```

（2）代码编写完成后，将代码保存为Welcome.java文件，并保存在图1-8所示的JDK安装目录所在的bin目录下。这里需要注意，代码中的Welcome类名必须和Welcome.java的文件名部分(不包括扩展名)完全一致(包括大小写)，否则后面的编译会失败。

（3）在Windows桌面选择"开始"→"Windows系统"→"命令提示符"命令，打开命令执行窗口，此窗口的当前路径和JDK的安装路径不一致，需要使用DOS指令切换到当前目录，可以按照图1-9的方式通过DOS命令进入到当前的执行目录，可看到当前的目录为D:\Java\jdk1.8.0_291\bin，这是JDK的安装目录。

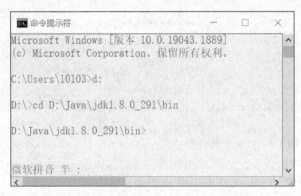

图1-9　进入安装目录

第一个Java程序

小贴士　认识DOS

DOS(disk operating system,磁盘操作系统)是早期个人计算机上的操作系统，其特点是可以直接操纵管理硬盘的文件，并以DOS窗口的形式运行。

DOS的常见命令举例如下。

- dir：显示指定路径上所有文件或目录的信息，格式为"dir[盘符：][路径][文件名][参数]"
- cd：进入指定目录，格式为"cd[路径]"
- md：建立目录，格式为"md[盘符：][路径]"
- rd：删除目录，格式为"rd[盘符][路径]"

（4）在当前窗口输入 javac Welcome.java，对 Java 程序进行编译，得到 Welcome.class 字节码文件。

（5）在当前窗口输入 java Welcome，运行 Java 程序，控制台出现"Hello World!"的运行结果。

整个过程如图 1-10 所示。

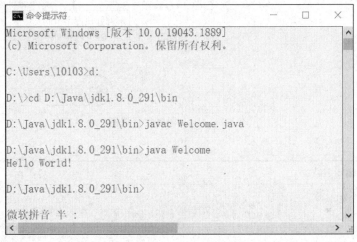

图 1-10　运行 Java 程序

2. 程序运行机制

上述代码能够运行，主要依靠两个非常重要的命令，即 java.exe 和 javac.exe。这两个命令都在 JDK 安装目录的 bin 文件夹里。其中 javac.exe 命令用于编译 Java 源代码，形成后缀名为 class 的字节码；java.exe 命令用于执行编译好的 Java 字节码。最终将运行结果呈现在控制台上，具体过程如图 1-11 所示。

那是不是所有的 Java 源代码都必须保存在 JDK 安装目录的 bin 子目录里呢？肯定不是的。之所以将源代码放在 bin 子目录下，是因为 java.exe 和 javac.exe 两个命令也在这个子目录里。比如，如果把 Welcome.java 放在其他目录里，如 D:\test，运行时会出现图 1-12 中第一条命令执行时显示的错误，意味着系统不认识 javac 命令。如果在 D:\test 目录下要成功运行 Welcome.java，就必须在 javac 命令前面加上完整的路径，如图 1-12 中的第二条和第三条命令执行的效果，此时 javac 和 java 命令后面都加了完整路径。

3. 配置环境变量

新编写的代码如果存放在 bin 目录下，可以直接使用 javac 和 java 命令执行；如果代码存放在其他目录下，就需要指定这两个命令的完整路径才能执行。如果想把代码存放在任意目录下并直接使用 javac 和 java 命令执行，该怎么设置才能不需要输入完整路径呢？

9

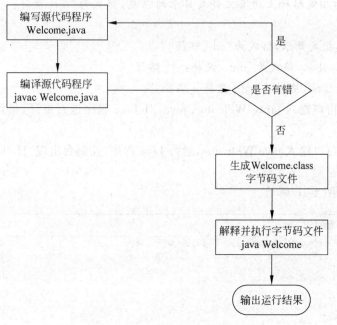

图 1-11　Java 程序运行机制

图 1-12　完整路径指令

可以把 javac 和 java 命令配置到系统的环境变量当中,使得在任何的控制台窗口下都可以直接编译和执行 Java 程序而不需要输入完整路径。

那么什么是环境变量呢?环境变量一般是指在操作系统中用来指定操作系统运行环境的一些参数,如临时文件夹位置和系统文件夹位置等。环境变量有很多种,其中系统的Path 环境变量用来指定可运行程序的路径。

除了需要配置 Path 环境变量,通常还需要配置 JAVA_HOME 的环境变量,这是因为Eclipse、Tomcat 等一些软件就是通过搜索 JAVA_HOME 变量来找到并使用安装好的JDK。至于为什么一定是 JAVA_HOME 这个名字呢?那就是约定俗成的事情了。

配置环境变量的步骤如下:

（1）右击"我的电脑"并选择"属性"→"高级系统设置"命令,在弹出的对话框中单击"环境变量"按钮,即出现环境变量设置的对话框,如图 1-13 所示。

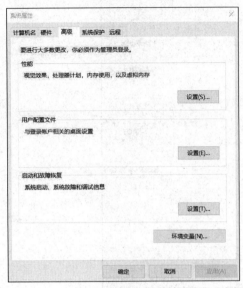

(a) "系统属性" 对话框　　　　　　　　　(b) "环境变量" 对话框

图 1-13　配置环境变量

（2）首先添加 JAVA_HOME 环境变量。在用户环境变量列表下单击"新建"按钮,弹出"新建用户变量"对话框。在"变量名"文本框中输入 JAVA_HOME,在"变量值"文本框中输入系统的 JDK 安装路径,如 D:\Java\jdk1.8.0_291,单击"确定"按钮,JAVA_HOME 环境变量就设置好了,如图 1-14 所示。

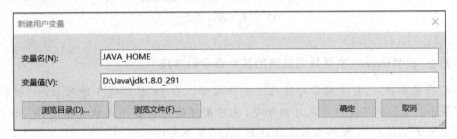

图 1-14　"新建用户变量"对话框

（3）接下来设置 Path 变量。在用户变量列表中找到 Path 变量,单击"编辑"按钮,弹出"编辑环境变量"对话框,此对话框以列表行的形式列出了 Path 变量下的各个路径。在编辑环境变量对话框中单击"新建"按钮,光标将移到新的空行中。在此行中输入％JAVA_HOME％\bin,添加一个新的路径,如图 1-15 所示。其中％JAVA_HOME％表示对第 2 步中创建的 JAVA_HOME 值的引用。因此,新加入的路径全名即为 D:\Java\jdk1.8.0_291\bin。

这样环境变量就设置好了。我们可以按照图 1-16 的方式再次运行程序,发现系统无须指明代码文件的完整路径,也能用 java 和 javac 命令运行程序了,这都是环境变量在发挥作用。

图 1-15　完成配置

图 1-16　运行成功

![小贴士] 在 Windows 中寻找硬盘里的某个命令的方法

　　JDK 安装成功后,首先需要对源程序进行编译。在 DOS 环境下输入 javac 命令,会出现以下提示:'javac' 不是内部或外部命令,也不是可运行的程序或批处理文件。出现这个提示的原因是 Windows 操作系统无法找到 javac 命令文件。

　　让我们先来看 Windows 操作系统是如何寻找硬盘上某个命令的。

　　(1) 它会先在当前目录下搜索;

　　(2) 当前目录如果搜索不到,它会从环境变量 path 指定的路径当中搜索某个命令;

　　(3) 如果都搜索不到,它会报出以上的错误。

　　当我们打开 DOS 窗口并输入 igconfig,会出现计算机的 IP 地址,但是当前目录下并没有 igconfig 命令,因此该命令必定在 path 指定的路径中。可以查看 path 指定的路径验证一下。

1.3.5　Java 集成开发工具

　　在实际的开发过程中,由于记事本编写代码的速度慢且不容易排除错误,因此程序员很少用它编写代码。为了提高程序的开发效率，大部分程序员都使用集成开发工具（IDE）进行开发。本书将介绍常见的 Java 两大开发工具——Eclipse 和 IDEA，大家可任选一种。

1. Eclipse 开发工具

Eclipse 是由 IBM 公司推出的 Java 集成开发工具，它的平台体系结构是在插件概念的基础上构建的。

首先找到官网下载 Eclipse 安装包，注意如果 JDK 是 64 位的，那么 Eclipse 也必须是 64 位的版本。将下载好的 Eclipse 压缩包解压后，就可以启动安装过程了。这里必须注意安装路径为不带中文和空格的路径（C 盘的 program files 路径不符合要求）。

安装完成后，首次启动，进入设置工作空间的对话框。工作空间用于存放 Java 代码，如图 1-17 所示。

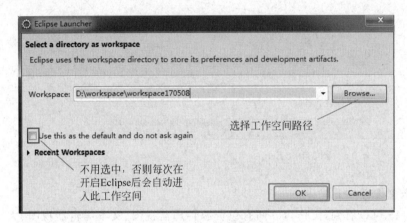

图 1-17　设置工作空间　　　　　　　　　　　　　　　　Java 集成开发工具

单击 OK 按钮进入主页面。首次进入主页面的显示如图 1-18 所示，这是 Eclipse 的欢迎界面。若不想每次都显示，可以取消选中页面右下角的复选按钮。

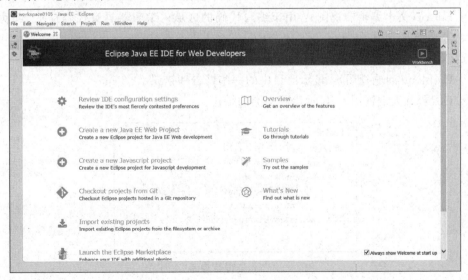

图 1-18　欢迎页面

Eclipse 工作台主要包括标题栏、菜单栏、工具栏、编辑器、透视图和各类视图等,如图 1-19 所示。

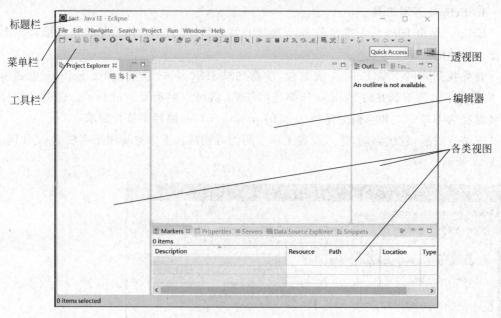

图 1-19　Eclipse 工作台

这里对几个重要概念进行一下解释。

(1) 视图。从图 1-19 可以看到,工作台界面有包资源管理器视图、文本编辑器视图、大纲视图等多个视图。这些视图多用于浏览信息的层次结构和显示活动编辑器的属性。下面是几种主要视图的作用。

- Package Explorer(包资源管理器视图):可以浏览项目的文件组织结构,如图 1-20 所示。
- Editor(文本编辑器视图):用于编写代码的区域。编辑器具有代码提示、自动补全等功能。
- Console(控制台视图):用于显示程序运行时的输出信息和异常错误。
- Problem(问题视图):显示项目中的一些警告和错误。
- Outline(大纲视图):显示代码中类的结构。

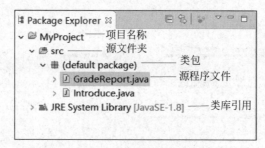

图 1-20　"包资源管理器"视图

视图可以单独出现,也可以与其他视图以选项卡形式叠加在一起。视图有自己独立的菜单和工具栏,并且可以通过拖动改变布局位置。

(2)透视图。透视图是 Eclipse 工作台提供的附加组织层,它实现多个视图的布局和可用操作的集合,并为这个集合定义一个名称,起到组织作用。例如,如图 1-21 所示,对于同一个项目,Eclipse 提供的 Java 透视图组织了与 Java 程序设计有关的视图和操作的集合,而"调试"透视图负责组织与程序调试有关的视图和操作集。

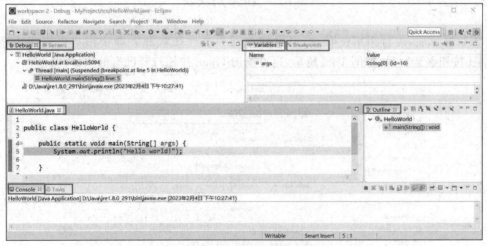

(a) Java透视图（包含4个视图）

(b) "调试"透视图（包含8个视图）

图 1-21　不同的透视图

在 Eclipse 的 Java 开发环境中提供了几种常用的透视图,不同的透视图之间可以进行切换和定制,但是同一时刻只能使用一个透视图。

2. IDEA 开发工具

IDEA 全称为 IntelliJ IDEA,是 Java 编程语言的集成开发环境。IntelliJ IDEA 在智能代码助手、代码自动提示、重构、JavaEE 支持、各类版本工具、JUnit、CVS 整合、代码分析、创新的 GUI 设计等方面的功能可以说是超常的。IDEA 目前提供了免费版和商业版,免费版提供了 JVM 和 Android 开发的所有基本功能,商业版在此基础上提供了用于 Web 和企业开发的其他工具和功能。

首先在官网(https://www.jetbrains.com/idea/)下载 IDEA 的安装包,然后按照提示手动安装,如图 1-22 所示。

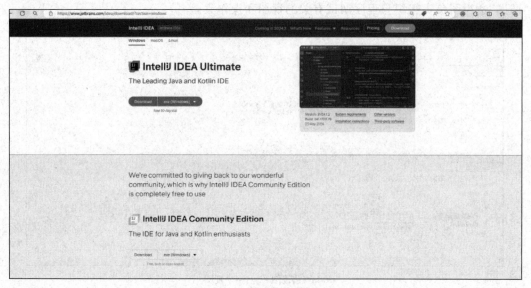

图 1-22　IDEA 下载界面

安装完成后,运行 IDEA 时,可以看到欢迎界面。在欢迎界面中用户可以单击 New Project 按钮新建项目,如图 1-23 所示,也可单击 Open 按钮打开已有的项目。

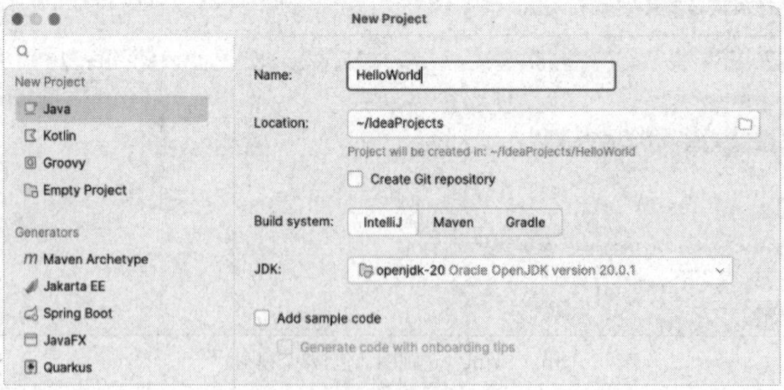

图 1-23　新建项目

创建项目后,可以看到如图 1-24 所示的开发界面。

IDEA 提供了丰富的代码智能提示功能,如图 1-25 所示。如果需要使用 println 语句输出信息,只需输入 Sy→选择 System→输入点号→选择 out→选择 println 语句,这样就可以了。如果想要输入 main 主函数,也可以直接在 class 中输入 main,按 Enter 键即可生成主函数,操作很方便。

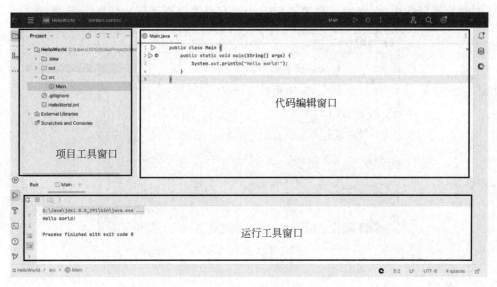

图 1-24 开发界面

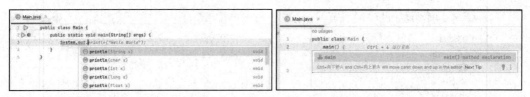

图 1-25 IDEA 快速编码提示

注意：为了让同学们对两种开发工具都能有所熟悉，本书在项目 1～项目 6 介绍 Java 基础知识时使用 Eclipse 工具，在第 7 章的拓展模块中使用 IDEA 工具。

1.4 任务演练

1.4.1 任务 1：用 JDK＋Notepad 打印个人信息

1. 任务要求

编写代码，运行后在控制台显示："大家好，我叫刘星，来自广州，很高兴认识你们！"如图 1-26 所示。

2. 实施步骤

(1) 打开记事本，输入以下代码。

```
①    public class Introduce{
②        public static void main(String[] args) {
③            System.out.println("大家好，我叫刘星，来自广州，很高兴认识你们！");
④        }
⑤    }
```

(2) 选择"文件"→"保存"命令，在弹出的"保存"对话框中输入文件名称 Introduce.

17

java,同时为了显示中文,将编码改为 ANSI(否则有可能出现乱码),如图 1-27 所示。

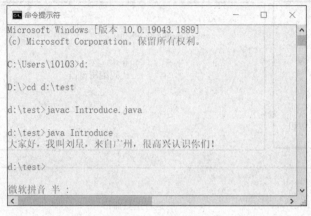

图 1-26　运行结果 1

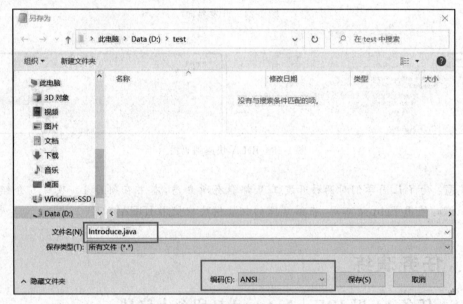

图 1-27　保存文件

(3) 在命令提示行窗口用 javac 和 java 编译和执行 java 源代码,即可看到如图 1-26 所示的结果。

3. 代码分析

第①行:

public class Introduce{

这是类的声明,声明名称为 Introduce 的类(class)。其中 public 说明这个类的属性为公有。public 不是必需的,但如果加上 public,则这个类的文件名必须保存为 Introduce.java,否则将会报错。

class 是 Java 的关键字,表示类的名字。可以将类理解为包含程序逻辑的容器。类是构成 Java 程序的基本模块,Java 中的任何语句都必须包含在 class 类中。

Introduce 为类的名字,一般是有意义的一个单词,首字母大写;若是多个单词联合而成的名字,则采用每个单词字母大写的方式,如 HelloWorld。

第②行:

```
public static void main(String[] args) {
```

这是一个特殊的方法,又称为 main()方法,也叫主函数或入口函数。当程序执行时,JVM 会自动找到这个方法,并从这个方法开始执行整个代码。public 表示 main()方法能被其他对象调用和使用,因此在 main()方法前面不能省略 public。

static 关键字表示这个方法是静态的,不能省略。

void 关键字表示这个方法不会返回任何内容,也不能省略。

String[] args 用来接受命令行传入的参数。当然,即使不传入参数也不能省略。

第③行:

```
System.out.println("大家好,我叫刘星,来自广州,很高兴认识你们!");
```

这条语句表示输出一个字符串在控制台窗口上。System.out.println 是用于输出的方法,准确地说,方法名称叫作 println,而该方法所在的类名是 System.out 是其中的一个变量。要输出的内容写在方法后面的小括号里,因为是字符串,需要用双引号" "括起来。

这条语句是一条可执行的语句。在 Java 中,每条执行语句的后面都要加上分号。

第④⑤行:

```
    }
}
```

此处第④行的"}"与第②行的"{"匹配,表示 main()方法从"{"开始,以"}"结束。同理,第①行的"{"与第⑤行的"}"匹配,表示 Introduce 类从第①行开始,到第⑤行结束。

1.4.2 任务 2:选择适合的 Eclipse 透视图

1. 任务要求

能选择合适的透视图,如 Java 开发初学者,可以选择 Java 透视图,或者 JavaEE 透视图,如图 1-28 所示。

2. 实施步骤

(1) 双击进入 Eclipse,选择 D:\test 作为自己的工作空间。

(2) 在工作台右上角的找到 ,即 open perspective(打开透视图),单击此按钮,在打开透视图对话框中选择 Java 透视图,单击 OK 按钮完成选择,如图 1-29(a)所示。

(3) 在工作台菜单栏选择 Window→Preferences 命令,弹出 Preferences 对话框。在该对话框左侧选中 General→Workspace,在对应的界面设置编码集为 UTF-8,以免在显示中文时出现乱码,如图 1-29(b)和图 1-29(c)所示。

(4) 保存当前透视图。

1.4.3 任务 3:用 Eclipse 打印个人信息

1. 任务要求

使用 Eclipse 开发工具,通过创建 Java 项目,以及添加和运行 Java 文件的方式,在控制

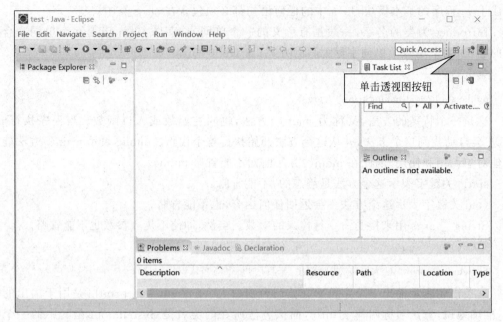

图 1-28　Java 透视图

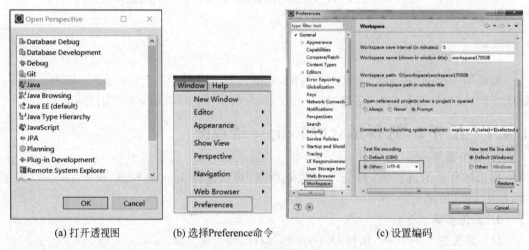

(a)打开透视图　　　(b)选择Preference命令　　　(c)设置编码

图 1-29　定制透视图

台视图显示"大家好,我叫刘星,来自广州!我的爱好是:足球!",如图 1-30 所示。

2. 实施步骤

(1) 创建 Java 项目。选择 File→New→Java Project 命令,打开 New Java Project 对话框。在 Project name 文本框中输入项目名称 MyProject 后,单击 Finish 按钮完成新建,如图 1-31 所示。

(2) 创建Java类文件。选择 File→New→Class 命令,打开 New Java Class 对话框。在 Name 文本框中输入 Java 类名 Introduce,勾选 public static void main(string[] args)选项,设置如图 1-32 所示,单击 Finish 按钮完成类的创建。

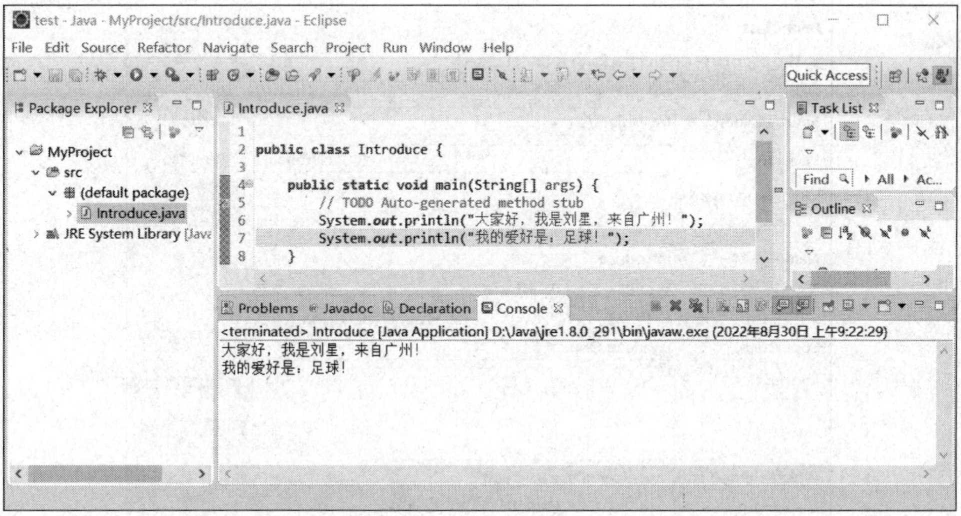

图 1-30　运行结果 2

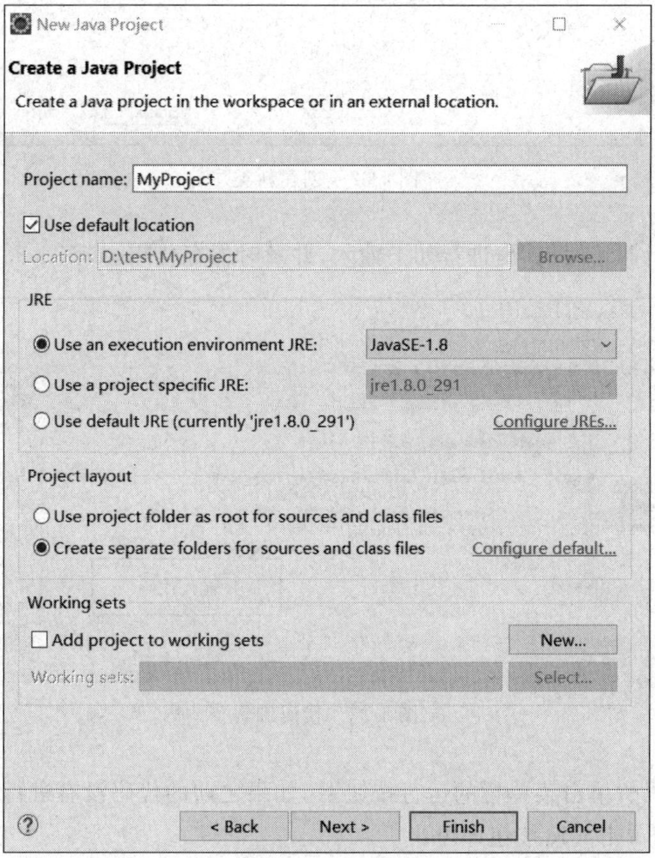

图 1-31　新建项目

图 1-32 创建新类

（3）使用编辑器编写代码，进行如下输入，并及时保存代码，如图 1-33 所示。

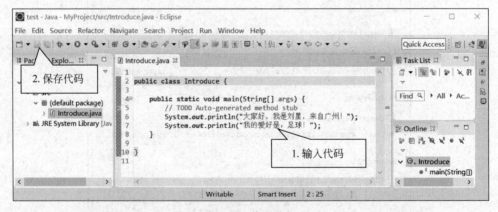

图 1-33 代码编辑

（4）运行代码。单击菜单栏的运行按钮 ，如果之前的代码没有进行保存，此处还会进行提示是否保存，单击 OK 按钮即可。

在工作台下方的 Console 视图可以看到运行结果，如图 1-34 所示。

图 1-34 运行结果 3

1.4.4 任务 4：导入 Eclipse 项目文件

1. 任务要求

本书提供了很多项目源码,这些代码可以直接被导入到 Eclipse 中。同学们也可把自己工作空间里的项目文件夹复制回去后,再采用这种方式在其他计算机中打开。

2. 实施步骤

（1）在菜单栏中选择 File→Import...命令,打开 Import 对话框,如图 1-35 所示。

（2）在 Import 对话框中选择 General→Existing Projects into Workspace,如图 1-36 所示,单击 Next 按钮。

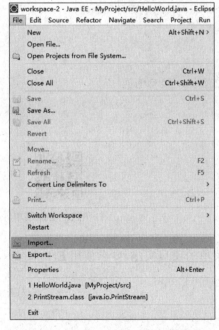

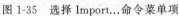

图 1-35 选择 Import...命令菜单项

图 1-36 选择导入类型

（3）在图 1-37 中单击 Browser 按钮,选中项目文件所在的文件夹,对应的 Java 项目名称即自动出现在 Projects 一栏。选中该项目,单击 Finish 按钮,完成项目文件的导入操作。

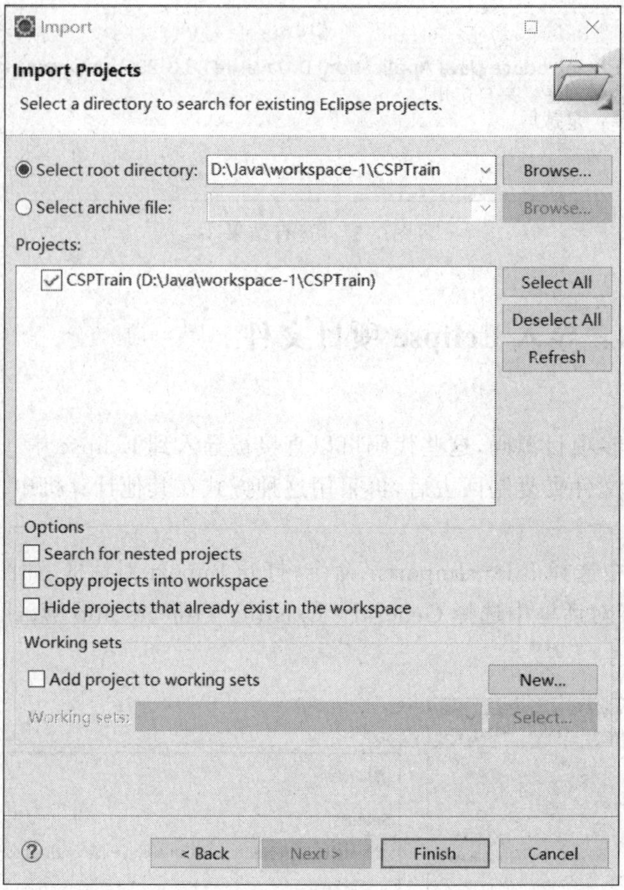

图 1-37　导入文件

1.5　项目实施

1.5.1　任务需求

打印软件功能菜单

本环节进行项目 1 打印"学生成绩管理系统"功能菜单的项目实施,要求使用 Eclipse 开发工具,将该系统的各个功能菜单显示在控制台视图中。

该系统的功能结构图如图 1-38 所示。

学生成绩管理系统分为三个角色:学生、教师、教务员。

(1) 学生:可以查看个人信息,查看自己的成绩。

(2) 教师:可以查看个人信息,进行课程管理、成绩管理、学生信息管理。

(3) 教务员:可以查看个人信息,进行课程管理、成绩管理、学生信息管理、教师管理、所有账号管理。

不管哪种角色,都具有登录和注销等共有的功能。

以学生角色登录系统,应该设计的菜单效果如图 1-39 所示。

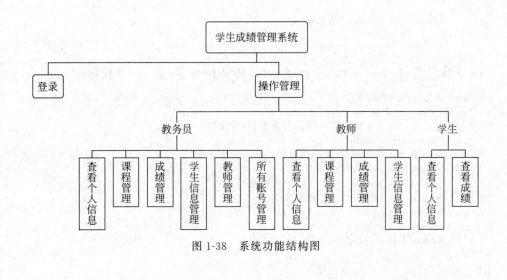

图 1-38　系统功能结构图

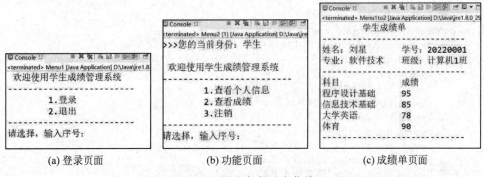

(a) 登录页面　　　　　　(b) 功能页面　　　　　　(c) 成绩单页面

图 1-39　学生角色对应菜单

图 1-39(a)是系统的首个菜单,显示登录和退出两种功能,用户通过输入数字序号进入或退出系统。图 1-39(b)是学生身份登录后的系统功能菜单页面,页面除了显示三个功能选项,也同时在首行显示当前的用户身份。图 1-39(c)是当学生用户选择查看成绩信息后所展现的学生成绩单页面,由两部分组成:一部分为学生的基本信息,包括姓名、学号、专业和班级;另一部分为成绩信息,包括科目和每门课的成绩。

1.5.2　关键步骤

(1) 在 Eclipse 中现有的项目 MyProject(也可新建一个项目)中选择 File→New→Class 命令,输入 Java 类名 LoginMenu,选中主函数 main 的修饰符选项,单击 Finish 按钮,完成类的创建。

(2) 在编辑器内输入以下代码。

```java
public class LoginMenu {
    public static void main(String[] args) {
        System.out.println(" 欢迎使用学生成绩管理系统");
        System.out.println("--------------------------");
        System.out.println("\t1.登录");
        System.out.println("\t2.退出");
        System.out.println("--------------------------");
```

```
        System.out.println("请选择,输入序号:");
    }
}
```

(3) 继续创建 StudentMenu、GradeReport 两个 Java 类,输入以下代码。

```
public class StudentMenu {
    public static void main(String[] args) {
        System.out.println(">>>您的当前身份:学生");
        System.out.println();
        System.out.println(" 欢迎使用学生成绩管理系统");
        System.out.println("---------------------------");
        System.out.println("\t1.查看个人信息");
        System.out.println("\t2.查看成绩");
        System.out.println("\t3.注销");
        System.out.println("---------------------------");
        System.out.println("请选择,输入序号:");
    }
}
```

```
public class GradeReport {
    public static void main(String[] args) {
        System.out.println("\t学生成绩单");
        System.out.println("---------------------------");
        System.out.print("姓名:刘星");
        System.out.println("\t学号:20220001");
        System.out.print("专业:软件技术");
        System.out.println("\t班级:计算机1班");
        System.out.println("---------------------------");
        System.out.println("科目\t\t成绩");
        System.out.println("程序设计基础\t95");
        System.out.println("信息技术基础\t85");
        System.out.println("大学英语 \t\t78");
        System.out.println("体育\t\t90");
        System.out.println("---------------------------");
    }
}
```

这里要注意Java制表符\t的使用。\t是一种特殊的转义字符,表示它前面输出的内容长度为8的倍数。如果的确为8的倍数(包括长度0),则\t将输出8个空格;如果不足8位,则补上空格以使之成为8的倍数。请看下面的例子。

```
System.out.println("123456\t前面内容有6位,补2个空格");
System.out.println("12345678\t前面内容有8位,补8个空格");
System.out.println("123456789012345\t前面内容有15位,补1个空格");
```

上述代码的运行结果如图 1-40 所示。

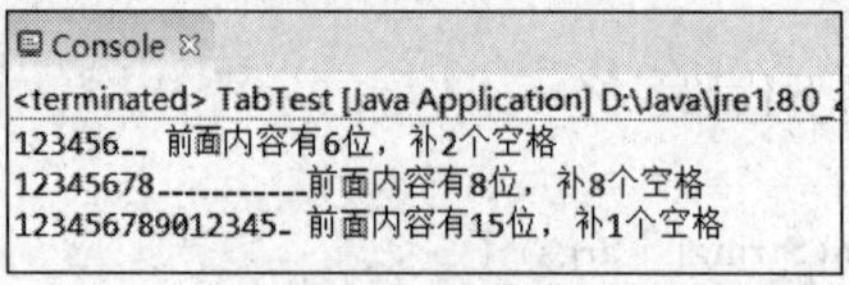

图 1-40　运行结果 4

而在项目实现中,因为1个中文字符长度为两个字符长度,因此"科目\t\t"的第一个\t

将补上 4 个空格,第二个\t 将补上 8 个空格,使得总长度为 16 个空格,正好为 8 的倍数。而"程序设计基础\t"中前面的中文字符长度为 12,后面只需一个\t 补上 4 个空格即可对齐。

需要注意的是,对于中文字符,如果长度正好是 8 的倍数,则需要在该字符串后面补一个空格,才能算成 8 的倍数。例如,"大学英语　"正好是 8 个字符,但实现时需变成"大学英语　",再进行空格匹配。

小贴士　如何输出\t 而不是制表符

我们发现,如果直接运行"System. out. println("\t");",将会在控制台上输出一个制表位。那如果想输出"\t"这个字符串,应该如何设计呢?这就需要了解什么是转义字符。转义字符是以"\"开头的字符,后面跟一个或几个字符,其意思是将反斜杠"\"后面的字符转变成另外的意义。例如,"\n"不代表字母 n,而是作为换行符。常用的转义字符及其含义如表 1-1 所示。

表 1-1　常用的转义字符及其含义

转义字符	转义字符的含义
\n	回车换行
\t	横向跳到下一制表位置
\b	退格
\r	回车
\f	走纸换页
\\	反斜线符"\"
\'	单引号
\"	双引号
\a	鸣铃
\ddd	1~3 位八进制数所代表的字符
\xhh	1~2 位十六进制数所代表的字符

现在大家知道如何输出"\t"了吧,只需要先将"\"转义再连上 t 就可以了,即"System. out. println("\\t");"。

1.6　强化训练

1.6.1　语法自测

扫码完成语法自测题。

自测题. docx

1.6.2　上机强化

(1) 编写程序,设计一张个性名片,如图 1-41 所示。

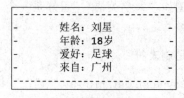

图 1-41　运行结果 5

(2) 编写程序,输出以下购书信息,如图 1-42 所示。

商品名称	购买数量	商品单价	金额
购书清单			
战争与和平	1	48	48
Java编程入门	2	40	40

图 1-42　运行结果 6

(3) 完善"学生成绩管理系统"中教师角色和教务员角色的功能菜单设计,如图 1-43 所示。

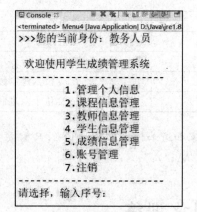

(a) 教师角色菜单　　　　　　(b) 教务员角色菜单

图 1-43　运行结果 7

1.6.3　进阶探究

(1) 参考自助点餐系统功能结构图(图 1-44),设计并打印该系统的功能菜单。

要求:需要打印一个整体功能菜单和点菜功能的子菜单。

(2) 马上到了祖国母亲的生日了,请为她设计一张祝福贺卡,创意不限。图 1-45 展现了一种实现的结果。

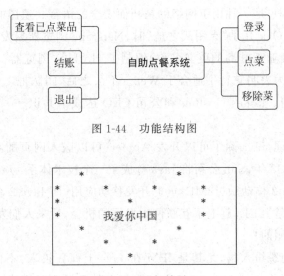

图 1-44　功能结构图

```
        *           *
   *         *          *
   *              *          *
   *          我爱你中国
        *              *
            *      *
                *
```

图 1-45　运行结果 8

思政驿站

代码时光机：Java 语言的起源与演变之旅

既然同学们已经开始学习 Java 了，那么对它的了解是不是应该更多一些呢？比如 Java 语言是怎么产生的？接下来让我们坐上代码时光机（图 1-46），一起来看看 Java 的起源和发展历史吧。

图 1-46　坐上时光机开启 Java 之旅

20 世纪 90 年代，单片机开始兴起，很多人都想在这个时候分一杯羹。当时有一家公司想在未来的家电领域大显身手，他们看好这个时代，觉得单片机编程将是未来的趋势，嵌入式自动化的家电将会流行起来，于是该公司发起了一个计划，旨在设计一种新的编程语言和环境，用于在这些设备上开发软件。这家公司就是 Sun（太阳微系统公司），这个计划就是"绿色项目"，而项目的负责人就是号称"Java 之父"的 James Gosling 博士。

一开始 Sun 想把这种语言固化进芯片中，新的语言将允许消费电子设备相互通信。最初这种语言名为 Oak,它是一种用于网络的精巧而安全的语言。遗憾的是,没有一家电器公司对此感兴趣。正当 Oak 几乎"无用武之地"时,Netscape 浏览器启发了 Oak 项目组成员,他们用 Java(印度尼西亚爪哇岛的英文名称)编制了 HotJava 浏览器。他们发现,Java 提供交互性和多媒体的能力表明它特别适合于 Web。不久之后,团队把工作重点就转移到了一个新的领域,即万维网。James Gosling 和公司 CEO 达成了共识——将 Java 放到网上,免费任由人们使用。

但是不久人们发现,Java 除了可以开发 Applet(可以嵌入网页的小程序),似乎干不了别的事情,于是,在 1998 年,Sun 公司将 Java 分成了三个技术体系:Java 2 标准版(J2SE)负责开发桌面应用,Java 2 移动版(J2ME)负责开发移动应用,而 Java 2 企业版(J2EE)负责开发服务器应用。特别是 J2EE,赶上了互联网大发展的机会,后来人们发现,Java 简直就是为写服务器端程序而发明的!

很快,商业巨头们纷纷入场,尤其是 IBM 在 Java 上疯狂投入,不仅开发了自己的应用服务器 WebSphere,还推出了 Eclipse 这个功能强大的开源开发平台。Java 的开源性质也使得 Java 的生态系统更加丰富和完善。Java 有着非常庞大的社区,这个社区中有许多开发者和组织都在为 Java 的发展作出贡献。这些贡献包括开发各种 Java 库、框架和工具,这些都为 Java 的应用开发提供了非常丰富的资源和支持。举例说明如下。

- 构建工具:Ant、Maven、Jenkins。
- 应用服务器:Tomcat、Jetty、JBoss、WebSphere、WebLogic。
- Web 开发:Spring、Hibernate、MyBatis、Struts。
- 开发工具:Eclipse、NetBeans、IntelliJ IDEA、JBuilder。

这样看来,Java 的成功不是偶然的,而是社会生产力发展的结果。"时势造英雄",Java 凭借着健壮、安全、开源、跨平台的特性牢牢抓住了互联网时代的一个又一个机遇,不断发展、壮大,成就了庞大的 Java 帝国。

亲爱的同学们,当前世界正处于新一轮科技革命和产业变革的浪潮中,以信息技术、生物科技、新材料技术、人工智能等为代表的新兴科技迅猛发展,正在深刻改变人类的生产和生活方式,推动生产力产生质的飞跃。在新质生产力的时代,Java 语言会独领风骚,还是与其他语言齐头并进呢?不管风云如何变化,我们只有紧跟科技发展的趋势,了解国家的发展战略和产业政策,不断提升自己的实践能力和创新意识,才能成为适应新质生产力发展要求的高素质人才,为国家的现代化建设和社会发展贡献力量。

项目小结

本项目主要讲解了 Java 语言的发展历史和运行机制,并对如何下载、安装 JDK 和配置环境变量进行了介绍。结合项目实现要点讲解了 Java 程序运行的基本代码结构以及输出语句的应用,强调了代码书写的严谨和规范性,重点是培养学生具备分析问题和解决问题的能力。

项目评价

自主学习评价表

你学会了					
	好	中			差
	5	4	3	2	1
Java 语言的发展历史和主要特点	◎	◎	◎	◎	◎
Java 语言的运行机制	◎	◎	◎	◎	◎
JDK 的安装与配置	◎	◎	◎	◎	◎
编写并运行第一个 Java 程序	◎	◎	◎	◎	◎
你认为					
	总是	一般			从未
	5	4	3	2	1
对你的能力的挑战	◎	◎	◎	◎	◎
你在本项目中为成功所付出的努力	◎	◎	◎	◎	◎
你投入（做作业、上课等）的程度	◎	◎	◎	◎	◎

你在学习过程中碰到了哪些难题？是如何解决的？

你在日常生活中有哪些问题或者想法能用所学知识实现？试举例说明。

看完思政驿站后，说说你的感悟。

项目2 设计班费结算明细表

技能目标

- 熟悉 Java 的基本语法。
- 掌握常量和变量的定义和使用方法。
- 掌握基本数据类型的操作方法。
- 掌握运算符的使用方法。
- 学会基本的输入/输出方法。

知识图谱

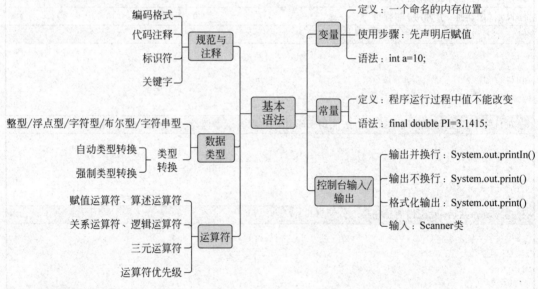

教学重难点

教学重点：

- Java 的基本语法；
- 变量与 Java 基本数据类型；
- 各类运算符；
- 向控制台输出数据；
- 从键盘获取输入数据。

教学难点：

- 数据类型转换；
- 各类运算符的操作特性。

2.1　项目任务

进入大学,同学们会发现,日常学习生活中的很多场景都可以用程序实现:小到设计一张个性名片,统计班费开支,大到研发专门的学生成绩系统、学生考勤软件等。本项目将选取一些同学们大学生活的典型场景,用程序的方式进行展现,从而提高同学们的计算思维能力和项目设计能力。

项目内容由打印学生名片、交换手机短号、生成社团海报、统计竞选成绩、生成中奖号码五个任务进行串接,最后的任务是开发一款班费结算小软件。

一般而言,类似的数值计算类软件的设计需要考虑以下几个步骤:

(1) 编写提示语句,指引按何种格式输入待处理的数据信息,如物品单价、数量等;

(2) 按照提示语句输入相应信息,并保存到对应的变量中;

(3) 使用公式计算得到结果,如班费支出、班费结余等;

(4) 输出提示信息和结果。

同学们,准备好了吗?让我们用 Java 代码描述大学的精彩生活吧!

2.2　需求分析

根据项目任务描述,本项目需要输出提示语句,并按照要求输入班费购买的物品单价和数量信息,以及上次的班费结余,计算班费购买物品的总价,最后进行相应输出,具体可参照以下过程:

(1) 使用变量保存班费支出的各项明细,包括物品名称、单价、数量等;

(2) 使用各类运算符形成计算公式,统计班费支出和结余;

(3) 使用 Scanner 类接收键盘的输入数据,并对结果进行输出。

2.3　技术储备

2.3.1　基本语法

Java 的基本语法

Java 语言有自己的一套语法、格式、规范,开发者在编写 Java 程序时需要遵守这些规范。

1. 编码格式

类是用得最多的一个编程单元,初学者可以暂时把类理解为 Java 程序。

```
修饰符 class 类名{
    public static void main(String[] args) {    //主函数,是程序的入口
        //一行或多行代码
    }
}
```

(1) Java 修饰符。Java 可以使用修饰符来修饰类中的方法和成员变量,主要有以下两类修饰符。

• 访问控制修饰符: default、public、protected、private。

- 非访问控制修饰符：final、abstract、static、synchronized。

后面会逐步介绍这些Java修饰符，当前一律使用public。

(2) 大括号的使用。类用一对大括号表示其范围，Java在类名后面不换行并立即使用左大括号"{"。应注意其他编程语言一般是换行后再使用大括号的。类结束后使用的右大括号"}"一般单独成一行，其水平位置与类开始的修饰符竖向对齐。类里面的方法也用一对大括号，所以大括号会有嵌套，方法中大括号的使用规则与类中的相同。

(3) 缩进代码以区分层次结构。类是第一级层次，最靠左；方法是第二级层次，向右缩进一个制表位；代码是第三级层次，再向右缩进一个制表位。这样整个类看起来将美观整齐、结构层次清晰、易于阅读。后面介绍了流程控制语句以后，代码也会有类似的层次结构。

(4) 每条语句要用分号结束并独占一行。除了用于定义结构的语句(如定义类、方法的语句等)外，每一条功能执行语句都必须以分号结束，否则会报错，而且要注意是英文格式的分号，不能是中文格式。一般一行放一条语句，也可以一行放多条语句，多条语句之间用分号隔开。一般不建议一行放多条语句，这种情况从形式上看起来是一行代码(一条语句)，但逻辑上还是多行代码(多条语句)。

(5) Java区分大小写。例如，System不能写成system，static不能写成Static。可以利用这个特点让一个单词代表不同的事物。例如，可用Person作为类名，person作为对象名，项目5中介绍面向对象编程内容时经常会这样做。

2. 注释

为了使代码易于阅读，更加清晰易懂，便于团队协作，通常需要在程序中为代码添加一些注释，以便对程序的某行代码或某个功能模块进行解释说明。注释只在Java源文件中有效，编译器编译时会忽略注释，注释不会被编译到字节码文件中去。Java中有以下3种类型的注释方式。

(1) 单行注释。用来对程序中的某一行代码进行解释说明，使用符号//，该符号后面是注释内容，语法格式如下：

//注释内容

单行注释放在要解释说明的那一行代码的后面，注释内容不能太长，不能换行，太长要换行会用到多行注释。单行注释的示例代码如下：

System.out.println("大家好，我叫刘星。");   //输出字符串

这里在代码行的右边添加了注释来说明这一行的功能。注释除了用于对于某一行代码进行解释说明外，在编写代码过程中，如果不确定某一行代码是否该删除，但暂时用不上，也可以在该行代码前面添加单行注释符号将它"注释"掉，让它暂时失去作用。若后面还用得上该行代码，则删除注释符号//即可。示例代码如下：

System.out.println("大家好，我叫刘星。");   //输出字符串
//System.out.println("我来自广州，很高兴认识你们！");

第二行代码后的注释内容将不会被输出。若需要重新使用该行代码，只需删除符号"//"即可。

(2) 多行注释。多行注释指注释内容为多行，以符号"/*"开头，以符号"*/"结尾。语法格式如下：

/*注释内容(多行)*/

34

除了用来解释说明代码功能外,多行注释还可以一次性将暂时用不上的多行代码进行注释。示例代码如下:

/ * System.out.println("大家好,我叫刘星。");
System.out.println("我来自广州,很高兴认识你们!"); * /

这样这两行代码都暂时失去作用。如果需要恢复,删除符号"/ *"和" * /"即可。

(3) 文档注释。文档注释用来对类、接口、成员方法、成员变量、静态字段、静态方法、常量或一段代码等进行解释说明,以符号"/ ** "开头,以符号" * /"结尾,语法格式如下:

/ * * 注释内容(多行) * /

可以使用 Javadoc 文档工具提取程序中的文档注释,生成帮助文档。

在使用 Eclipse 编程过程中,常常需要把一些先前写好的代码暂时注释掉,一行行处理很费时,可以使用快捷方式。先选中要注释掉的多行代码,然后按 Ctrl+/组合键,这时多行代码中的每一行都会按单行注释的方式注释掉。若要取消这种注释,选中已经按这种方式注释掉的多行代码,然后按 Ctrl+/组合键即可。

【例 2-1】　为项目 1 设计的学生成绩单代码添加注释(粗体部分),添加完成后练习使用快捷键 Ctrl+/对文字进行注释或取消。

```
/ *
 * GradeReport.java
 * 2022-10-23
 * 功能:打印学生成绩单
 * 作者:张三
 * /
public class GradeReport {
    public static void main(String[] args){
        // 打印成绩单中的标题
        System.out.println("          学生成绩单");
        //打印成绩单中的学生信息
        System.out.println("姓名:刘星");
        System.out.println("学号:20220001");
        System.out.println("专业:软件技术");
        System.out.println("班级:22 计算机 1 班");
        //打印分割线
        System.out.println("-------------------------");
        / * 打印成绩单中的成绩信息 * /
        System.out.println("科目\t\t 成绩");          //\t 表示制表符
        System.out.println("程序设计基础\t95");
        System.out.println("信息技术基础\t85");
        System.out.println("大学英语\t\t78");
        System.out.println("体育\t\t90");
        System.out.println("-------------------------");
    }
}
```

3. 标识符

Java 语言中,标识符是用来标识包名、类名、方法名、变量名、参数名、数组名、对象名、接口名、文件名等的字符序列。

Java 标识符由数字、字母、下画线"_"和 $ 符号组成,第一个字符不能是数字。应牢记的是,Java 关键字不能当作 Java 标识符。在 Java 中,标识符是区分大小写的,如 Name 和 name 是两个不同的标识符。

下面的标识符是合法的:

myName	My_name	Points	$ points
_sys_ta	OK	_23b	_3_

下面的标识符是非法的:

#name	25name	class	&time	if

Java 命名约定如下。

(1) 包名的所有字母小写,如 com. seehope. web。

(2) 类名和接口名可以由多个单词组成,每个单词的首字母大写,如 MyClass、HelloWorld、Time 等。

(3) 方法名、变量名和对象名可以由多个单词组成,第一个单词的首字母小写,其余单词的首字母大写,如 getName、setTime、myName 等。这种命名方法叫作驼峰式命名法。变量命名要尽量做到见名知义,便于理解和阅读。例如,标识符 userName 一看便知是"用户名"。

(4) 常量名全部使用大写字母,单词之间用下画线分隔,如 ADMIN_NAME。

4. 关键字

关键字是 Java 语言中已经被赋予特定含义的一些单词,不能用作标识符,前面出现的 class、public、static、void 等都是关键字。Java 中的关键字及其含义如表 2-1 所示,大部分关键字将随着学习的深入会逐步掌握,该表只需了解即可。

表 2-1　Java 中的关键字及其含义

分　类	关 键 字	描　述	分　类	关 键 字	描　述
数据类型	boolean	布尔型	类、方法和变量修饰符	abstract	抽象
	byte	字节型		class	类
	char	字符型		extends	继承
	double	双精度浮点型		final	最终值,不可改变
	float	单精度浮点型		implements	实现接口
	int	整型		interface	接口
	long	长整型		native	本地、原生方法
	short	短整型		new	新建
流程控制	break	跳出循环		static	静态
	case	与 switch 匹配		strictfp	严格、精准
	continue	继续下一次循环		synchronized	(线程)同步
	default	默认		transient	短暂(瞬时)
	do	运行		volatile	易失
	else	否则	异常处理	assert	断言
	for	循环		catch	捕捉异常
	if	如果		finally	有无异常均执行
	instanceof	实例		thow	抛出异常
	return	返回		throws	声明异常可抛
	switch	多分支选择执行		try	捕获异常
	while	循环	变量引用	super	父类、超类
访问控制	private	私有的		this	本类
	protected	受保护的		void	无返回值
	public	公有的	保留关键字	goto	保留,不能使用
包	import	引入		const	保留,不能使用
	package	包		null	空

2.3.2 变量与数据类型

变量与数
据类型

1. 变量简介

什么是变量呢？变量就是可以改变的量。可以把变量理解为一个"容器"。例如，酒店现有一个空房间，给变量赋值就相当于安排人入住房间，如图 2-1 所示。变量可以不断更换值，就像房间可以反复换人一样。

程序运行时，需要处理的数据都临时保存在内存单元中。为了方便记住这些内存单元以存取数据，可以使用标识符来表示每一个内存单元，这些使用了标识符的内存单元就是变量。开发者若要使用某个内存单元，无须记忆内存空间中复杂的内存地址，只需记住代表这个内存空间的变量名称即可，从而大大降低了编程难度。

简而言之，变量是一个内存单元的名字，代表了这个内存单元，它用于存取（读写）数据。之所以称为变量，是因为变量代表的内存数据在程序运行过程中是可以被改变的。

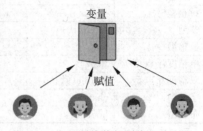

图 2-1 变量更换值如同房间换人入住

使用变量需要如下三步：声明→赋值→使用。

2. 变量的声明

使用变量前，先要进行声明，变量的声明也叫作变量的定义。声明变量的名字及其可以存储的数据类型后，编译器会根据数据类型为变量分配合适的内存空间。不同数据类型的变量分配的空间大小不一样。此外，声明了变量也就约束了该变量只能存储什么类型的数据，其他类型的数据存不进来。声明变量的语法如下：

数据类型 变量名称；

其中，数据类型是关键字；变量名称是自定义的标识符，尽量使用能见名知义的名字。参见下面的例子，示例代码如下：

```
int age;            //声明整型变量 age
double num;         //声明双精度浮点型变量 num
String str;         //声明字符串变量 str
```

int age 表示声明一个名为 age 的整型变量，编译器将为它分配一块 32 位的内存空间，名称 age 即代表了该块内存空间；double num 表示声明一个名为 num 的双精度浮点型变量，编译器将为它分配一块 64 位的内存空间，名称 num 即代表了该块内存空间。分配多少位的内存空间只取决于变量的数据类型。

相同类型的多个变量也可以在同一行一次性声明，示例代码如下：

```
int num1,num2,num3;
```

注意：不能在同一段程序中（准确来讲是在同一个作用域内）声明两个名称相同的变量。

3. 数据类型

数据类型除了前面提到过的数值型，还有字符型、布尔型等，这些都属于基本数据类型。每种基本数据类型都有它的取值范围，编译器会根据每个变量或常量的数据类型为其分配内存空间。变量中存储的数据的数据类型应该跟变量声明的数据类型一致，否则会报错。

例如,如果变量 age 声明为整型,则它只能存储 1、2、3 等整型数据,而不能存储 1.0、3.14 等浮点型数据或'a'、'b'、'c'等字符型的数据。Java 的基本数据类型一共有 8 种,如表 2-2 所示。

表 2-2　基本数据类型

数据类型	关 键 字	内存占用	默 认 值	取 值 范 围
字节型	byte	1 字节	(byte)0	$-128 \sim 127$
短整型	short	2 字节	(short)0	$-32768 \sim 32767$
整型	int(默认)	4 字节	0	$-2^{31} - 2^{31} - 1$
长整型	long	8 字节	0L	$-2^{63} - 2^{63} - 1$
单精度浮点型	float	4 字节	0.0F	$1.4013E - 45 \sim 3.4028E + 38$
双精度浮点型	double(默认)	8 字节	0.0	$4.9E - 324 \sim 1.7977E + 308$
字符型	char	2 字节	空	$0 \sim 65535$
布尔型	boolean	1 字节	false	true、false

(1) 整数类型。Java 使用 4 种类型的整数:byte、short、int 和 long。编写程序时应该为变量选择最适合的数据类型。例如,如果知道存储在变量中的整数是在 1 个字节范围内,应将该变量声明为 byte 型。为了简单和一致性,后面的大部分内容都使用 int 来表示整数。

示例代码如下:

```
int x;                    //声明 int 类型变量 x
int x,y;                  //同时声明 int 类型变量 x、y
int x=10,y=-5;            //同时声明 int 类型变量 x、y,并赋予初值
int x=5+23;               //声明 int 类型变量,并赋予 5+23 结果的初值
```

(2) 浮点型。Java 使用两种类型的浮点数:float 和 double。double 称为双精度 (double precision),而 float 称为单精度(single precision)。通常情况下,应该使用 double 型,因为它比 float 型更精确。Java 中,在小数后面加上字母 F 或 f 表示 float 型数据,在小数后面加字母 D 或 d 表示 double 型数据。如果一个小数后面不加字母,则默认为 double 型数据。

示例代码如下:

```
public static void main(String[] args) {
    double data1=1.87D;        //小数后面加 D,表示 double 型数据
    double data2=1.87;         //小数后面没有加 D,默认为 double 型数据
    float data3=1.87;          //报错,double 型数据不能存入 float 型变量中
    float data4=1.87F;         //小数后面加 F,表示 float 型数据
}
```

(3) 字符型。字符型(char 型)的变量只能存储单独一个字符。赋值时,需要用一对单引号将一个字符引起来再赋值,如 char a='a',其中 a 是变量名称,'a'表示放入该变量的值。也可以将一个整数赋给 char 型变量,编译器将自动将整数转换成 ASCII 编码表(附录1)对应的字符。

示例代码如下:

```
public static void main(String[] args) {
    char chr='A';              //赋值字符 A
    int num=chr;               //字符可以和 int 类型互相转换
    System.out.println(chr);   //输出 A
    System.out.println(c1);    //输出 65
}
```

根据程序运行结果可知,字母 A 的编码数值为 65。还可以按照上述案例的方式测试字母 a~z、A~Z 以及数字 0~9 等字符的编码。

小贴士　ASCII 码的由来

在计算机中,所有的数据在存储和运算时都要使用二进制表示。例如,像 a、b、c 这样的 52 个字母(包括大写)以及 0、1 等数字,还有一些常用的符号(如 *、#、@等)在计算机中存储时也要使用二进制数来表示,而具体用哪些二进制数字表示哪个符号,这就是编码。值得注意的是,编码是信息从一种形式转换为另一种形式的过程,解码则是编码的逆过程。

不同的计算机要想互相通信并且不造成混乱,那么每台计算机就必须使用相同的编码规则,于是美国国家标准学会制定了 ASCII 编码。

标准 ASCII 码用一个字节(8 位)表示一个字符,并规定其最高位为 0,实际只用到 7 位,码值为 00000000~01111111,即 0~127。因此可表示 128 个不同字符。这其中 48~57 为 0 到 9 十个阿拉伯数字,65~90 为 26 个大写英文字母,97~122 号为 26 个小写英文字母,其余为一些标点符号、运算符号等。

(4) 布尔型。在现实生活中,经常要拿两种事物进行比较,比较结果可能是"真",也可能是"假"。例如,太阳比地球大,比较结果是"真";月亮比地球大,比较结果是"假"。布尔型正是用来表示比较结果的,它只有两个取值,即"真"或"假"。在 Java 中用关键字 boolean 表示布尔型,它只有两个取值,即 true 和 false,分别代表布尔逻辑中的"真"和"假"。若一个变量声明为布尔型,则它只能存储 true 或 false 两个值之一,而不能存储其他值。

示例代码如下:

```
public static void main(String[] args) {
    boolean bigger;              //声明一个布尔型变量
    bigger=true;                 //赋布尔型数据 true
    bigger=false;                //赋布尔型数据 false
    bigger=100;                  //赋整型数据,此处报错
}
```

(5) 字符串型。字符串型又称 String 型,用于存储字符串。字符串型不属于基本数据类型,是类的一种,后面会做详细介绍。但接下来有多处用到它,这里先做简单说明。字符串是由一个或多个键盘字符组成的字符序列,用英文的双引号引起来。例如,"Hello World"就是一个典型的字符串,可以将它赋给一个字符串型的变量。

示例代码如下:

```
String hello="Hello World";
```

在字符串的操作中,如果要对字符串进行连接,可以使用"+"进行操作。

示例代码如下:

```
public static void main(String[] args) {
    String str1="Hello";
    String str2="world";
    String str3=str1+","+str2+"!";
    System.out.print(str3);        //输出字符串为"Hello,world!"
}
```

4. 变量的赋值

声明变量是第一步,给变量赋值是第二步,这样变量才能使用。赋值是将一个数据(值)

存入变量代表的内存空间,赋值的语法如下:

变量名=值;

为变量赋值,示例代码如下:

```
int age;              //声明整型变量 age
double num;           //声明双精度浮点型变量 num
age=18;               //变量的赋值
num=3.14159;          //变量的赋值
```

也可以将第一步的声明与第二步的赋值合并为一步,语法如下:

数据类型 变量名称=值;

声明变量的同时赋值,示例代码如下:

```
int age=18;
double num=3.14159;
```

这种情况下的变量值通常称为初始值,后面可以根据需要改变变量值。

多个相同类型的变量也可以在同一行一次性声明并赋值(或不赋值),多个变量之间用逗号分隔。示例代码如下:

```
//同一行声明及赋值多个变量,也可不赋值
int num1,num2=10,num3=20;
double num4=10.1,num5,num6=10.2;
```

通常情况下,一种数据类型的变量只能用同一种类型的数据(值)进行赋值。例如一个int 型变量,只能给它赋类似 1、10、100 等整型值;而 double 型变量,需要给它赋类似 1.1、10.5、100.3 等双精度浮点数型值。一种类型的值赋给另一种类型的变量也有可能成功,但需要进行数据类型转换。

【例 2-2】 变量赋值和使用的要点。

```
public static void main(String[] args) {
    int x = 5;              // 声明 x 为整型变量,初始化为5
    int a, b;               // 声明 a、b 为整型变量
    a = x;                  // 将 x 单元的值赋值给 a 单元,a 的值为 5
    x = x + 1;              // 将 x 单元原来的值加1后重新赋值给 x 单元,x 的值为 6
    b = x + a;              // 将 x 单元的值和 a 单元的值相加后赋值给 b 单元。b 的值为 11,但
                            //   x 和 a 单元的值不变
    x += 1;                 // 将 x 单元原来的值加1后重新赋值给 x 单元,x 的值为 7
}
```

5. 变量的使用

变量在经过第一步声明与第二步赋值后,接下来就可以进行第三步使用了。变量的使用包括输出到控制台,参与运算,给其他变量赋值等。

示例代码如下。

```
int num1=10;                    //声明变量并赋初始值
System.out.println(num1);       //输出变量到控制台
int num2=num1;                  //给其他变量赋值
int num3= num1+num2;            //参与运算
```

变量的声明、赋值、使用三者顺序不能调换,否则会报错。但三者不必紧贴在一起,只要在使用变量前的任何位置声明与赋值过该变量即可。

示例代码如下:

```
System.out.println(num1);
//未声明就使用,控制台将报错为 num1 can not be resolved to a variable
int num2;
System.out.println(num2);
//未赋值就使用,控制台将报错为 The local variable num2 may not have been initialized
```

【例 2-3】　已知某班 Java 课考试最高分为 98.5,最高分学员姓名为张三,最高分学员性别为男。请定义变量保存这些数据并进行输出。

```
public static void main(String[ ] args) {
    double score = 98.5;
    String name = "张三";             //字符串用双引号表示
    char sex = '男';                  //字符用单引号表示
    System.out.println("本次考试成绩最高分: " + score);
    System.out.println("最高分得主: " + name);
    System.out.println("性别: " + sex);
}
```

6. 数据类型转换

数据类型转换是将一种数据类型的值转换成另一种数据类型的值的操作。例如,可以把 String 型的数据"123"转换为一个数值型,而且可以将任意的数据转换为 String 型。

当把一种数据类型的值赋给另一种数据类型的变量时,需要进行数据类型转换。数据类型转换方式有两种:自动类型转换与强制类型转换。如果从低精度数据类型到高精度数据类型转换,则永远不会溢出,并且总是成功的;把高精度类型向低精度类型转换则必然会有信息丢失,甚至可能失败。如图 2-2 所示,高精度相当于一个大水杯,低精度相当于一个小水杯,大水杯可以轻松装下小水杯所有的水;小水杯无法装下大水杯所有的水,装不下的部分必然会溢出。

图 2-2　大水杯可以装下小水杯的水而小水杯无法装下大水杯的水

(1) 自动类型转换。将取值范围较小的类型的数值赋给取值范围较大的类型的变量时,Java 会自动将取值范围较小的数值转换为取值范围较大的类型,称为自动类型转换。自动类型转换按数据类型取值范围从小到大的顺序转换,不同类型数据间的优先关系为 byte→short→ int→ long→ float →double。另外,char 型可以自动转换为 int 型,如图 2-3 所示(实线表示转换不会造成数据丢失,虚线表示可能出现数据丢失)。

自动类型转换的规则如下。

- 规则 1:如果一个操作数为 double 型,则整个表达式可提升为 double 型。
- 规则 2:满足自动类型转换的条件,两种类型要兼容(数值类型互相兼容),并且目标类型大于源类型(例如,double 型大于 int 型)。

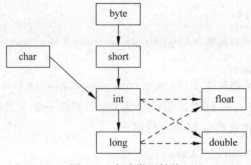

图 2-3　自动类型转换

【例 2-4】　某班第一次 Java 考试平均分为 81.29,第二次比第一次多 2 分,请计算第二次考试平均分是多少。

```
public static void main(String[] args) {
    double firstAvg = 81.29;                    // 第一次平均分
    double secondAvg;                           // 第二次平均分
    int rise = 2;                               //增加的分数
    secondAvg = firstAvg + rise;                //自动类型转换
    System.out.println("第二次平均分是:" + secondAvg);
}
```

上述代码中,rise 是整型,在与 double 类型的数 firstAvg 相加前,自动转为浮点数再进行加法操作,这就是一次自动类型转换。

(2) 强制类型转换。强制类型转换是将取值范围较大的类型的数值转换成取值范围较小的类型的数值。强制类型转换的前提是数据类型要兼容,并且源类型的取值范围大于目标类型,强制类型转换可能会损失精度。强制类型转化的语法如下:

(目标类型) 源类型;

其中源类型的取值范围要比目标类型大,可以是值或变量。

int 型也可强制转换为 char 型,如"System.out.println((char)98);"将输出 b,转换依据是 ASCII 编码表。

【例 2-5】　去年 Apple 笔记本所占市场份额是 20%,今年增长的市场份额是 9.8%,求今年所占份额(代码中可去掉百分比)。

```
public static void main(String[] args) {
    int before = 20;                            //apple 笔记本市场份额
    double rise = 9.8;                          //增长的份额
    int now = before + (int)rise;               //现在的份额
    System.out.println(now);                    //输出 29
}
```

需要注意的是,上述 rise 进行强制转换后的值为 9,也就是损失了小数部分的精度。

7. 常量

常量代表程序运行过程中不能改变的值,常量在整个程序中只能赋值一次。常量有以下作用。

(1) 代表常数,便于程序的修改。例如圆周率是一个固定的值,可以定义为常量。

（2）代表多个对象共享的值。多个对象都使用了，若要修改，只需修改常量，无须找出各个对象一一修改。

（3）增强程序的可读性。例如，常量 UP、DOWN、LEFT 和 RIGHT 分别代表上、下、左、右，其数值分别是 1、2、3 和 4。

在 Java 编程规范中，要求常量名必须用大写字母。常量的语法格式和变量类型基本相同，只需要在变量的语法格式前面添加关键字 final 即可。语法如下：

final 数据类型 常量名称=值;

也可以一行定义多个相同数据类型的常量，语法如下。

final 数据类型 常量名称1=值1,常量名称2=值.2,…,常量名称 n=值 n;

示例代码如下：

```
final double PI=3.1415;
final char UP='w',DOWN='z',LEFT='a',RIGHT='d';
```

2.3.3　控制台的输入和输出

1．向控制台输出

通过前面一系列的介绍可知，一个常用的输出方法就是 System.out.println()。该方法将指定内容直接输出，然后回车换行。与之对应的方法是 System.out.print()，该方法与 System.out.println() 的不同之处在于输出指定内容后不用回车。

控制台输入和输出

下面的代码展示了这两个输出语句的使用方法。

```
int age = 20;
String name = "Tom";
System.out.print("我的名字是");              //输出后不换行
System.out.println(name);                  //输出后换行
System.out.println();                      //输出一个空行
System.out.println("我今年"+age+"岁了");      //输出后换行
```

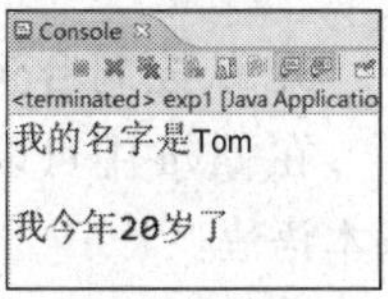

运行结果如图 2-4 所示。

图 2-4　运行结果 1

2．格式化输出

了解 C 语言的都知道，C 语言的输出语句 printf() 可以对内容格式化后再输出，Java 也提供了相似的方法。Java 中的格式化输出语句是 System.out.printf()。语法如下：

```
System.out.printf("格式化字符串",输出对象);
```

格式化的优点是什么？最重要的一点就是方便，并会增加代码的可读性。例如，下面这段代码：

```
public static void main(String[] args) {
    String name = "张三";
    char sex = '男';
    int age = 18;
    double height=1.758;
    System.out.println("姓名:" + name + ";年龄:" + age + ";性别:" + sex +";身高:"+ height);
```

43

```
System.out.printf("姓名:%s;年龄:%d;性别:%c;身高:%.2f", name, age, sex, height);
}
```

运行结果如图 2-5 所示。

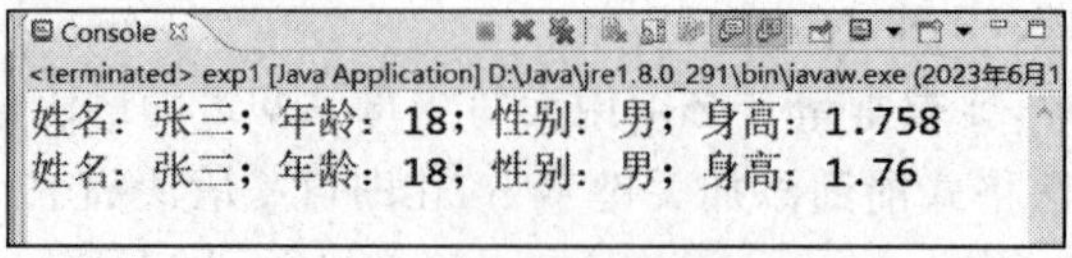

图 2-5　运行结果 2

这两行输出的效果是相同的,但显然第二个输出更加简单美观,第一个输出频繁使用字符串拼接,如果数据过多就会比较麻烦。还有就是在对一些特定数据进行操作时,格式化也给我们提供了很多便利。

表 2-3 列出了常用的格式符号列表。

表 2-3　常用格式符号列表

格　式	说　明	格　式	说　明
%d	输出十进制整数	%b	输出布尔值
%o	输出八进制整数	%s	输出字符串
%x、%X	输出十六进制整数(小写、大写)	%c	输出字符
%f	输出浮点数	%m.n	控制宽度和精度,m 表示最小宽度,n 表示小数点后的位数
%e、%E	带指数的浮点数(小写、大写)	%n \$	指定第 n 个参数
%.nf	控制小数点后的位数,n 为数字		

3. 从控制台获取用户输入

在 Java 中可以利用 Scanner 类获取用户键盘输入的数据,以下是创建 Scanner 对象的基本语法:

Scanner 对象名=new Scanner(System.in);

对象名需自定义,与变量命名规则相同。为了达到见名知义的效果,常用 scanner、input 或 inputScanner 等。要使用 Scanner,需要在类前面导入 java.util.Scanner 包,完整语句如下:

import java.util.Scanner;

接下来演示一个简单的数据输入程序,并通过 Scanner 类的 next()与 nextLine()方法获取输入的字符串。

```
import java.util.Scanner;                 //导入包
public class Test1 {
    public static void main(String[] args) {
    Scanner input=new Scanner(System.in);   //创建一个名为 input 的 Scanner 对象
        System.out.print("请输入一个有空格的字符串,回车结束:");
        String str1=input.nextLine(); //调用 nextLine()方法从键盘输入中接收一整行字符串
        System.out.println("你输入的字符串是:"+str1);
```

```
System.out.print("再次输入一个有空格的字符串,回车结束:");
String str2=input.next();   //调用 next()方法从键盘输入中接收一个字符串,遇空格结束
System.out.println("你输入的字符串是:"+str2);
    }
}
```

运行结果如图 2-6 所示。

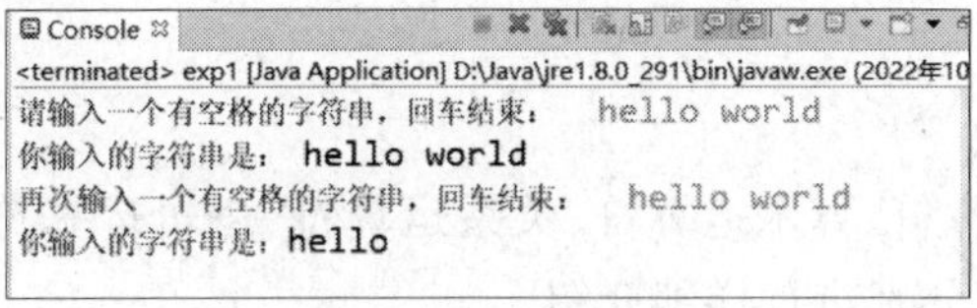

图 2-6 运行结果 3

Scanner 类的 next()与 nextLine()方法有如下区别。

(1) next():①要读取到有效字符后才会结束;②对输入有效字符之前遇到的空白,next()方法会自动将其去掉;③只有读取到有效字符后才将其后面输入的空白作为分隔符或者结束符;④next()方法不能得到带有空格的字符串。

(2) nextLine():①以回车作为结束符,也就是说 nextLine()方法返回的是回车之前的所有字符;②可以读取空白。

对于 byte、short、int、long、float、double 型数据,Scanner 类提供了相应的 nextXxx()方法来读取,其中 Xxx 代表上述各种数据类型,如 nextInt()、nextDouble()等。

示例代码如下:

```
import java.util.Scanner;
…
public static void main(String[] args) {
    Scanner input=new Scanner(System.in);      //创建一个名为 input 的扫描器对象
    System.out.print("请输入一个整数:");
    int num=input.nextInt();                //调用扫描器的 nextInt()方法从键盘输入中接收一个整数
    System.out.println("你输入的整数是:"+num);
    System.out.print("请输入一个小数:");
    double num2=input.nextDouble();         //调用 nextDouble()方法从键盘输入中接收一个小数
    System.out.println("你输入的小数是:"+num2);
}
```

运行结果如图 2-7 所示。

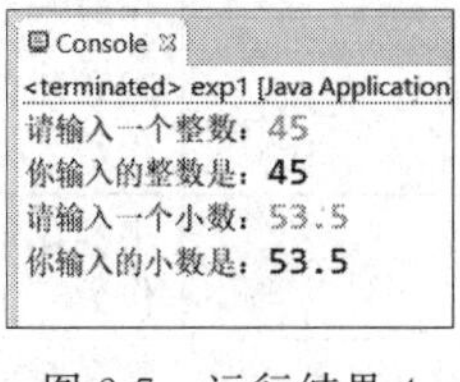

【例 2-6】 从键盘输入圆形的半径,求圆的周长和面积并进行输出,保留小数点后两位。

图 2-7 运行结果 4

```
import java.util.Scanner;
…
    public static void main(String[] args) {
        final double PI=3.1415;
        Scanner input=new Scanner(System.in);
        System.out.print("请输入圆的半径(cm):");
        double r=input.nextDouble();
        double length=2 * PI * r;
        double area=PI * r * r;
        System.out.printf("圆的周长为%.2f,面积为%.2f", length, area);
    }
```

运行结果如图 2-8 所示。

```
Console
<terminated> Test2 (4) [Java Application] D:\Java\jre1.
请输入圆的半径(cm)：5
圆的周长为31.42,面积为78.54
```

图 2-8　运行结果 5

2.3.4　运算符

Java 提供了赋值运算符、算术运算符、关系运算符、逻辑运算符、三元运算符等丰富的运算符,下面分别进行详细介绍。

运算符

1. 赋值运算符

在 Java 中,将等号(=)作为赋值运算符。赋值运算符的作用是指定一个值给一个变量。声明变量后,可以利用赋值语句给它赋一个值。赋值语句语法如下:

变量名=值(或表达式);

其功能是将右边的值赋给左边的变量;或先将右边的表达式计算出来得到一个结果值,再将其赋给左边的变量。

示例代码如下:

```
int x=1;
int y=2;
double z=x * y;
```

要注意变量名必须放在运算符=的左边。除了简单的用=赋值之外,Java 中还支持用=与其他运算符组合进行赋值,方便程序执行,如表 2-4 所示。

表 2-4　赋值运算符

运算符	描　　述	示　　例
=	简单赋值运算符,将右操作数的值赋给左操作数	C＝A＋B 表示将把 A＋B 的值赋给 C
+=	加和赋值操作符,把左操作数和右操作数相加后赋给左操作数	C+=A 等价于 C=C+A
-=	减和赋值操作符,把左操作数和右操作数相减后赋给左操作数	C-=A 等价于 C=C-A
* =	乘和赋值操作符,把左操作数和右操作数相乘后赋给左操作数	C * =A 等价于 C=C * A
/=	除和赋值操作符,把左操作数和右操作数相除后赋给左操作数	C/=A 等价于 C=C/A
%=	取模和赋值操作符,把左操作数和右操作数取模后赋给左操作数	C%=A 等价于 C=C%A

可以对多个变量连续赋同一个值,程序会从最右边的"="开始处理,再逐步赋给左侧的变量。示例代码如下:

```
int a, b, c;
a=b=c=10;
```

注意：不可以像下面这样赋值：

int a＝b＝c＝10;

【例 2-7】　王浩的 Java 成绩是 80 分，张萌的 Java 成绩与王浩的相同。输出张萌的成绩。

```
public static void main(String[] args) {
    int wang = 80;              // 王浩成绩
    int zhang;                  // 张萌成绩
    zhang = wang;               //王浩成绩赋值给张萌
    System.out.println("张萌成绩是" + zhang);
}
```

2. 算术运算符

算术运算符包括加号＋、减号－、乘号＊、除号/、取余号％、自增运算符＋＋、自减运算符－－，具体描述如表 2-5 所示。

表 2-5　算术运算符

运算符	描　述	示例(A＝10,B＝20)	结果
＋	将运算符两侧的值相加	A＋B	30
－	左操作数减去右操作数	A－B	－10
＊	将运算符两侧的值相乘	A＊B	200
/	左操作数除以右操作数	B/A	2
％	求左操作数除以右操作数的余数	B％A	0
＋＋	操作数的值增加 1	B＋＋或 ＋＋B	21
－－	操作数的值减少 1	B－－或－－B	19

（1）算术运算结果类型。不同类型的数据或变量进行算术运算时，结果的类型为其中取值范围最大的那个类型。如 int 型与 double 型进行算术运算时，结果应是 double 型，而不是 int 型。

示例代码如下：

```
public static void main(String[] args) {
    int num1=10;
    double num2=20.5;
    float num3=30.5f;
    double sum=num1＋num2＋num3;        //必须由 double 型变量接收运算结果，否则会报错
    System.out.println("sum="+sum);
}
```

num1＋num2＋num3 是 int、float、double 这 3 种类型参与运算，结果取其中取值范围最大的类型，即 double 型，所以运算结果要赋给 double 型变量。

（2）除法与求余。在使用除法运算符的时候需要注意，当除法的两个操作数都是整数时，除法的结果也是整数，相当于整除。例如，5/2 的结果是 2，而不是 2.5。

示例代码如下：

System.out.println(5/2);   //输出 2

为了实现浮点数的除法，其中一个操作数必须是浮点数。例如，5.0/2 的结果是 2.5。

示例代码如下：

System.out.println(5.0/2);   //输出 2.5

47

两个整型变量(a＝5、b＝2)相除(即 a/b),其结果是整数 2,而不是 2.5。要得到 2.5 的结果,可以将 a、b 中的其中一个变量乘以 1.0,如 a＊1.0/b。

运算符％被称为求余或者取余运算符,可以求得除法的余数。如 4％2 的余数为 0,5％3 的余数为 2。在程序设计中,余数是非常有用的。例如,偶数％2 的结果总是 0,而奇数％2 的结果总是 1。所以,可以利用这一特性来判断奇偶数。

```
System.out.println(7%2);          // 7 是奇数,输出 1
System.out.println(8%2);          // 8 是偶数,输出 0
```

(3) 自增、自减。自增＋＋和自减－－运算符是特殊的算术运算符,分别表示操作数的值增加 1 或减少 1。

自增、自减运算符既可以放在操作数的前面,也可以放在操作数的后面。自增、自减运算及其操作数既可以单独构成一条语句,也可以参与到运算表达式中。

第一种情形:自增、自减运算及其操作数单独构成一条语句。这时无论自增、自减运算符放在操作数(变量)的前面还是后面结果都一样,操作数(变量)都自增或自减 1。

```
public static void main(String[] args) {
    int i;
    i = 3;
    ++i;
    System.out.println(i);
    i++;
    System.out.println(i);
}
```

运行结果如图 2-9 所示。

第二种情形:自增、自减运算符及其操作数参与到运算表达式中。根据自增、自减运算符在操作数(变量)的左侧或右侧分为以下两种情况。

① 自增、自减运算符在变量左侧:如＋＋a,先对变量进行自增操作,再使该变量参与表达式运算。

② 自增、自减运算符在变量右侧:如 a＋＋,先使变量参与表达式运算,再对该变量进行自增操作。

下面的代码展示了这两种区别。左边的代码块中,执行第三行 s＝i＋＋时,先使用 i 对 s 进行赋值,i 再自增 1,因此 i＝2,s＝1;右边的代码块中,执行第三行 s＝＋＋i 时,先对 i 自增 1,再把结果对 s 进行赋值,因此 i＝2,s＝2。运行结果如图 2-10 所示。

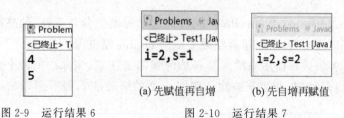

图 2-9　运行结果 6　　　　图 2-10　运行结果 7

（a）先赋值再自增　　　（b）先自增再赋值

int i,s;	int i,s;
i=1;	i=1;
s=i++;	s=++i;
System.out.println("i="+i+",s="+s);	System.out.println("i="+i+",s="+s);

（4）char 型参与算术运算。char 型也可以参与算术运算，将被自动转换成 ASCII 编码表中对应的十进制整数来处理。例如，"System. out. println('a'+1);"将输出 98，即将'a'转换成了 ASCII 编码表中对应的十进制整数 97。

（5）String 型的＋操作。String 型可以用运算符＋与其他类型的变量或数据进行连接，这里的＋运算符不再是数字相加的意思，而是连接。字符串与任何其他类型进行＋运算，结果都是字符串类型。字符串出现在＋的左边或右边均可。例如，下面的代码可以看出只有当＋的左右两边均为数字时，＋才能执行加法操作，否则执行连接操作。

```
public static void main(String[] args) {
    System. out. println("1"+1);          //"11"
    System. out. println("1"+"1");        //"11"
    System. out. println(1+1);            //2
}
```

（6）byte 型参与算术运算。两个 byte 型变量进行算术运算，结果会自动转换为 int 型。若将运算结果赋给 byte 型变量将会报错。

3. 关系运算符

关系运算符又称为比较运算符，用于值或变量之间的比较，运算结果为布尔型。表 2-6 所示为 Java 支持的关系运算符。

表 2-6　关系运算符

运算符	描　　述	示例（A＝10，B＝20）	结果
＝＝	比较两个操作数的值是否相等，如果相等则返回 true，否则返回 false	A＝＝B	false
！＝	比较两个操作数的值是否相等，如果不相等则返回 true，否则返回 false	A！＝B	true
＞	比较左操作数的值是否大于右操作数的值，如果是则返回 true，否则返回 false	A＞B	false
＜	比较左操作数的值是否小于右操作数的值，如果是则返回 true，否则返回 false	A＜B	true
＞＝	比较左操作数的值是否大于或等于右操作数的值，如果是则返回 true，否则返回 false	A＞＝B	false
＜＝	比较左操作数的值是否小于或等于右操作数的值，如果是则返回 true，否则返回 false	A＜＝B	true

4. 逻辑运算符

多个运算结果为布尔类型的表达式，如比较运算表达式，可以通过逻辑运算符进一步组合成逻辑运算表达式，最终返回结果仍然是布尔类型。表 2-7 所示为逻辑运算符及其基本运算规则，假设布尔变量 A 代表第一个表达式的结果，为 true；变量 B 代表第二个表达式的结果，为 false。

＆＆ 与 ＆ 的运算结果相同，但过程可能不一样，＆＆ 有"短路"效果，＆ 没有；同样‖与｜运算结果相同，但‖有"短路"效果，｜没有。所谓"短路"，就是计算完 ＆＆ 或‖表达式的

表 2-7　逻辑运算符

运算符	含义	规　　则	示例(A＝true,B＝false)	结果
&& 或者 &	逻辑与	当且仅当两个操作数都为 true,条件才为 true。其中 && 称为短路与	A&&B(或者 A&B)	false
‖或者 ∣	逻辑或	如果两个操作数中的任何一个为 true,条件为 true。其中‖称为短路或	A‖B(或者 A∣B)	true
!	逻辑非	用来反转操作数的逻辑状态。如果条件为 true,则使用逻辑非运算符将得到 false	!(A&&B)	true
^	逻辑异或	true^true、false^false 的结果均为 false,true^false、false^true 的结果均为 true,即相异为真,相同为假	A^B	true

左边第一个表达式的布尔结果后,直接给出最终结果,不再计算 && 或‖表达式的右边的表达式的现象。对 && 来讲,计算 && 左边的表达式结果为 false,则直接返回结果 false,不再计算 && 右边的表达式;对‖来讲,计算‖左边的表达式结果为 true,则直接返回结果 true,不再计算‖右边的表达式。

下面的例子给出了逻辑运算符的详细用法。

```
boolean b1 = true;
boolean b2 = false;
// 普通与、普通或
System.out.println(b1 & b2);        // b1 和 b2 有一个 false,结果即为 false
System.out.println(b1 ∣ b2);        // b1 和 b2 有一个 true,结果即为 true
System.out.println(!b2);            // 结果为 true
System.out.println(b1 ^ b2);        // b1 和 b2 相同为 false,不同 true,结果为 true
// 短路与、短路或
int g=3/0;                          //0 不能做除数,会报错
boolean b3 = 1>2 & (4<3/0)          //报错,& 两边的结果均需求值
boolean b3 = 1>2 && (4<3 / 0);      //不报错,&& 只需计算第一个表达式的值
System.out.println(b3);
```

5. 三元运算符

三元运算符也称为条件运算符,该运算符有三个操作数,第一个操作数必须是一个结果为布尔类型的表达式,第二个和第三个操作数可以是任意相同类型的常量、变量或表达式。整个三元运算将根据表达式的结果是 true 还是 false,再决定是返回第二个或是第三个操作数的结果。语法如下:

表达式 ? 返回值1 : 返回值2;

其中表达式是第一个操作数,必须是布尔类型结果的表达式,如比较运算表达式、逻辑运算表达式。返回值1是第二个操作数,可以是任意类型的常量、变量或表达式,但要跟返回值2的类型相同。如果第一个操作数的结果为 true,则整个三元运算的结果就是返回值1的结果。返回值2是第三个操作数,可以是任意类型的常量、变量或表达式,但要跟返回值1的类型相同。如果第一个操作数的结果为 false,则整个三元运算的结果就是返回值2的结果。三元运算一般不能独立存在,应该赋给一个变量或直接输出。

【例 2-8】　求 x 的绝对值。

```
public static void main(String[] args) {
    Scanner input = new Scanner(System.in);
    System.out.println("请输入一个整数:");
    int x=input.nextInt();
    int abs= (x>=0) ? x : -x;
    System.out.println(x+"的绝对值如下:"+abs);
}
```

上述三元运算符的逻辑是：判断 x 是否大于或等于 0，若成立，则赋值为 x，否则赋值为 -x。

6. 运算符的优先级

当多个运算符出现在同一个表达式中，谁先谁后呢？这就涉及运算符的优先级问题。在一个包含多运算符的表达式中，运算符优先级不同会导致最后得出的结果差别甚大。例如：

$3>2\&2==1$

这个算式的值为 false，因为关系运算符比逻辑运算符优先级高，所以先计算两个关系表达式的值，再进行 & 运算。

表 2-8 所示为 Java 的各种运算符的优先级，具有最高优先级的运算符在表的最上面，往下一行优先级降低一级，最低优先级的运算符在表的底部。无须刻意去背诵这个表，如果想让某个运算优先，用（）把它们括起来即可。

表 2-8　运算符优先级

类　别	操　作　符	关联性
后缀	（）［］.（点操作符）	从左到右
一元	++　--！　~	从右到左
乘性	*　/　%	从左到右
加性	+　-	从左到右
移位	>>　>>>　<<	从左到右
关系	>　>=　<　<=	从左到右
相等	==　!=	从左到右
按位与	&	从左到右
按位异或	^	从左到右
按位或	|	从左到右
逻辑与	&&	从左到右
逻辑或	||	从左到右
条件	?　:	从右到左
赋值	=　+=　-=　*=　/=　%=　>>=　>>>=　<<=　&=　^=　|=	从右到左
逗号	,	从左到右

2.4 任务演练

2.4.1 任务1：展示个人名片

1. 任务效果

新学期开始了,计算机学院迎来了一大批新同学。为了增进同学们的互相了解和交流,帮助小萌新们尽快融入大学生活,学生会给大家布置了一个任务,用 Java 语言设计一个名片展示的小程序,介绍自己的个人信息,包括姓名、年龄、性别、毕业学校、手机号码、宿舍、自我介绍等,如图 2-11 所示。同学们准备好了吗? 让我们开启新生编程的第一个任务吧!

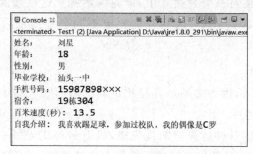

图 2-11　运行结果 8

2. 任务分析

该任务需要使用变量存储学生信息,如表 2-9 所示,并打印输出这些信息。

表 2-9　学生名片信息

变量名	类型	值	描　述
name	String	刘星	姓名
age	int	18	年龄
gender	char	男	性别
school	String	汕头一中	毕业学校
phone	String	15987898×× ×	手机号码
room	String	19 栋 304	宿舍
speed	double	13.5	百米速度(秒)
hobby	String	我喜欢踢足球,参加过校队,我的偶像是 C 罗	自我介绍

这里需要根据给出的数据选择合适的数据类型,并进行变量的声明与赋值。姓名、毕业学校、手机号码、宿舍、自我介绍都是字符串,选择 String 型;百米速度(秒)是小数,选择 double 型;年龄是整数,选择 int 型;性别是一个字符,可以选择 char 型。

3. 代码实现

(1) 在 Eclipse 中选择 File→New→Java Project 命令,打开 New Java Project 对话框,输入项目名称 MyProject 后,单击 Finish 按钮,完成新建项目操作。选择 File→New→Class 命令,输入 Java 类名 Test1,选中主函数 main 选项,单击 Finish 按钮完成类的创建。

(2) 使用编辑器编写如下代码,保存文件并运行程序。

```
public class Test1 {
    public static void main(String[] args) {
    //定义变量保存信息
        String name="刘星";
        int age=18;
        char gender='男';
        String school="汕头一中";
        String phone="15987898×××";
        String room="19 栋 304";
        double speed=13.5;
        String introduce="我喜欢踢足球,参加过校队,我的偶像是C罗";
    //输出变量信息
        System.out.println("姓名:\t"+name);
        System.out.println("年龄:\t"+age);
        System.out.println("性别:\t"+gender);
        System.out.println("毕业学校:\t"+school);
        System.out.println("手机号码:\t"+phone);
        System.out.println("宿舍:\t"+room);
        System.out.println("百米速度(秒):\t"+speed);
        System.out.println("自我介绍:\t"+introduce);
    }
}
```

2.4.2 任务2：交换手机短号

1. 任务效果

通过前面的任务,相信大家已经了解了同学们的个人信息、兴趣爱好等,接下来就可以选择志趣相投的朋友交换手机短号(手机部分号码)了。让我们开启新生入学第二个任务,用 Java 实现交换手机短号的过程吧! 程序运行结果如图 2-12 所示。

2. 任务分析

首先定义两个变量 i、j,分别存放 A 同学和 B 同学的手机短号。要求经过一番操作后,i 变量里放的是 B 同学的短号,j 变量里放的是 A 同学的短号。

对于两个变量的交换问题,可以设置一个新的变量 temp 来辅助交换两个值。

图 2-12 运行结果 9

交换过程是这样的:将变量 i 比作一瓶可乐,变量 j 比作一瓶雪碧。然后准备一个变量 temp,相当于一个空的酒杯。先将可乐倒进这个空酒杯里,就是将变量 i 的值赋值给 temp。这时候可乐瓶是空的,然后再将雪碧倒进可乐瓶里,也就是将变量 j 的值赋值给 i,最后将酒杯里的可乐倒进雪碧瓶里,将 temp 的值赋值给 j,这样就完成了两瓶饮料的互换。上述过程如图 2-13 所示。

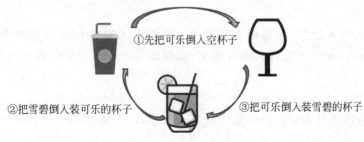

图 2-13 交换饮料过程

3. 代码实现

(1) 在现有的项目 MyProject(也可新建一个项目)中选择 File→New→Class 命令,输入 Java 类名 Test2,选中主函数 main 选项,单击 Finish 按钮完成类的创建。

(2) 使用编辑器编写代码,保存文件和运行程序。

```java
public class Test2 {
    public static void main(String[] args) {
        int i=60555;
        int j=60341;
        System.out.println("交换前:i="+i+",j="+j);
        int temp=0;
        temp=i;              //将 i 变量值赋给 temp
        i=j;                 //将 j 变量值赋给 i
        j=temp;              //将 temp 变量值赋给 j
        System.out.println("交换后:i="+i+",j="+j);
    }
}
```

2.4.3 任务3：设计活动海报

1. 任务效果

学生社团风采展示大赛要开始啦,为了让新同学对各种社团有充分的了解,团委准备开发一个社团信息展示的小程序,当输入社团名称、社团成立年数、特色活动等信息时,可以生成一张社团宣传海报。作为计算机学院的新朋友,重任就交给你们了。程序运行结果如图 2-14 所示。

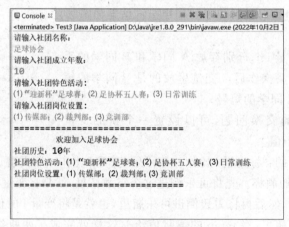

图 2-14 运行结果 10

2. 任务分析

从键盘输入个人信息,并显示在控制台。根据输入数据的类型选择合适的方法,如 next()方法或 nextInt()方法可获取键盘输入,而使用 String 型的＋操作可完成字符串的拼接。

3. 代码实现

(1) 在现有的项目 MyProject(也可新建一个项目)中选择 File→New→Class 命令,输入 Java 类名 Test3,选中主函数 main 选项,单击 Finish 按钮完成类的创建。

(2)使用编辑器编写代码,保存文件并运行程序。

```java
import java.util.Scanner;
public class Test3 {
    public static void main(String[] args) {
        Scanner input=new Scanner(System.in);
        System.out.println("请输入社团名称:");
        String name = input.next();
        System.out.println("请输入社团成立年数:");
        int age = input.nextInt();
        System.out.println("请输入社团特色活动:");
        String action = input.next();
        System.out.println("请输入社团岗位设置:");
        String work = input.next();
        System.out.println("===========================");
        System.out.println("\t 欢迎加入"+name+"");
        System.out.println("社团历史:"+age+"年");
        System.out.println("社团特色活动:"+action);
        System.out.println("社团岗位设置:"+work);
        System.out.println("===========================");
    }
}
```

(3)运行代码,按照控制台的提示分别输入社团信息,程序会在控制台中生成社团海报。

2.4.4　任务 4:统计竞选成绩

1. 任务效果

班干部是班级的核心,对大学班级尤为重要。可以说,班干部决定着一个班级的基调,竞选班干部也是对同学们个人能力的一次综合展示。刘星同学所在的班级马上就要进行干部竞选了,具体流程是,每位同学依次上台介绍自己的特长,以及对工作岗位的想法和计划。然后请评委对竞选人的演讲内容、语言表达、形象风度等三项内容进行评分。评分细则如下:每项内容满分为 100 分,计入总成绩占比如表 2-10 所示。

表 2-10　竞选成绩占比

演讲内容	语言表达	形象风度	总分
0.5	0.4	0.1	1

请大家开启新生入学任务第四弹:为班级设计一个程序,通过录入参选同学的姓名和三项内容的得分,计算并输出该同学的最终竞聘得分。程序运行结果如图 2-15 所示。

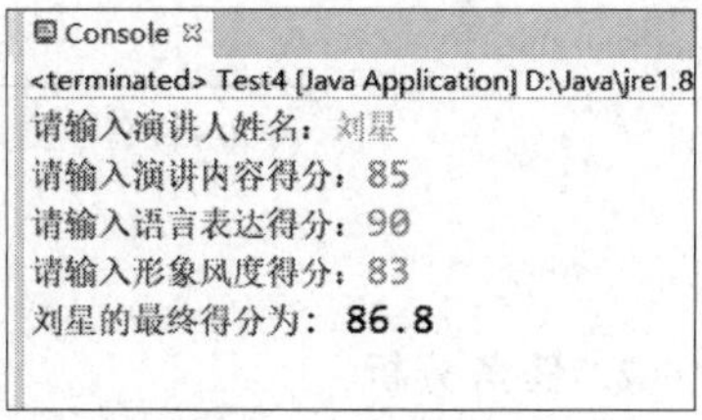

2. 任务分析

首先分析从键盘输入的数据,包括姓名、三项评选内容的得分,因此需要定义 4 个变量保存用户的输入。此外还需算出最终竞聘得分,再用 1 个变量存储。

其中,姓名用 String 变量存储,获取输入用 next()

图 2-15　运行结果 11

55

方法；三个评选内容得分用 3 个 double 类型变量存储，获取用户输入用 nextDouble( )方法。

最后根据评分标准计算最终的竞聘得分并进行输出。

3. 代码实现

(1) 在现有的项目 MyProject(也可新建一个项目)中选择 File→New→Class 命令，输入 Java 类名 Test4，选中主函数 main 选项，单击 Finish 按钮完成类的创建。

(2) 使用编辑器编写代码，保存并运行。

```java
import java.util.Scanner;
public class Test4 {
    public static void main(String[] args) {
        Scanner input = new Scanner(System.in);
        System.out.print("请输入演讲人姓名:");
        String name = input.next();
        System.out.print("请输入演讲内容得分:");
        double std1 = input.nextDouble();
        System.out.print("请输入语言表达得分:");
        double std2 = input.nextDouble();
        System.out.print("请输入形象风度得分:");
        double std3 = input.nextDouble();
        double score; // 最终得分
        score = std1 * 0.5 + std2 * 0.4 + std3 * 0.1;
        System.out.println(name + "的最终得分为: " + score);
    }
}
```

2.4.5 任务5：抽取幸运号码

1. 任务效果

计算机学院准备举行迎新晚会啦，晚会的最后一个环节是幸运大抽奖，每个同学都将抽到一个四位数幸运号码。中奖规则如下：依次将四位数幸运号码的每一位相加，得到的数字之和如果大于 26，则显示"中奖了"，否则显示"没有中奖"。

请你设计一个程序实现抽奖功能吧！程序运行结果如图 2-16 所示。

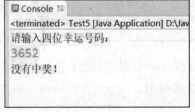
(a) 没有中奖

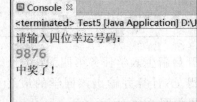
(b) 中奖了

图 2-16 运行结果 12

2. 任务分析

首先从键盘输入四位幸运号码，然后分别获取个位、十位和百位和千位的数字。获取方法需要使用算术运算符中的除号(/)以及取余号(%)。

- 为了得到个位上的数字,对 10 取余即可。
- 十位上的数字需要先除以 10,得到的数字再对 10 取余,即得到了十位上的数字。
- 百位上的数字只需要除以 100,得到的数字再对 10 取余,即得到了百位上的数字。
- 千位上的数字只需除以 1000 即可。

接下来采用三元运算符,比较各个位上的数字之和是否大于 26。如果条件成立则显示中奖信息,否则显示没有中奖。

3. 代码实现

(1) 在现有的项目 MyProject(也可新建一个项目)中选择 File→New→Class 命令,输入 Java 类名 Test5,选中主函数 main 选项,单击 Finish 按钮完成类的创建。

(2) 使用编辑器编写代码,保存并运行。

```java
import java.util.Scanner;
public class Test5 {
    public static void main(String[] args) {
        System.out.println("请输入四位幸运号码:");
        Scanner input = new Scanner(System.in);
        int custNo = input.nextInt();
        int gewei = custNo % 10;
        int shiwei = custNo / 10 % 10;
        int baiwei = custNo / 100 % 10;
        int qianwei = custNo / 1000;
        int sum = gewei + shiwei + baiwei + qianwei;
        System.out.print(sum > 26 ? "中奖了!" : "没有中奖!");
    }
}
```

2.5　项目实施

2.5.1　任务需求

进入大学后,班级活动变得丰富多彩起来。为了更好地组织活动,往往需要同学们自愿交纳一些费用充当班费。为了做到合理收支班费,班集体一般采用钱账公开的形式,由生活委员负责记账和出纳。

请你为班级开发一个计算班费支出和结余的小软件,通过输入上次班费结余钱款,以及本次班费支出信息,生成本次班费支出的明细表,并计算该次班费支出和剩余或需要补交的班费金额。程序运行结果如图 2-17 所示。

图 2-17　运行结果 13

2.5.2　关键步骤

(1) 在现有的项目 MyProject(也可新建一个项目)中选择 File→New→Class 命令,输入 Java 类名 ClassFund,选中主函数 main 选项。单击 Finish 按钮完成类的创建。

（2）在编辑器内输入以下代码。

设计班费结算明细表

```java
import java.util.Scanner;

public class ClassFund {
    public static void main(String[] args) {
        //提示用户输入班费信息并保存到变量中
        Scanner input = new Scanner(System.in);
        System.out.println("----------------------------");
        System.out.print("请输入上次班费结余(元)：");
        double before = input.nextDouble();                //上次结余
        System.out.println("----------------------------");
        System.out.println("请输入本次班费物品支出的单价和数量,用空格分开 ");
        System.out.print("购买党史学习图书:");
        double price1 = input.nextDouble();
        int num1 = input.nextInt();
        System.out.print("购买元旦晚会礼品:");
        double price2 = input.nextDouble();
        int num2 = input.nextInt();
        System.out.print("购买战队小组奖品:");
        double price3 = input.nextDouble();
        int num3 = input.nextInt();
        input.close();
        //计算每一笔款项的总金额、总支出和差额等信息
        double money1 = price1 * num1;
        double money2 = price2 * num2;
        double money3 = price3 * num3;
        double money = money1 + money2 + money3;  //总支出
        double after = before - money;                    //差额
        //设计输出形式并显示结果
        System.out.println();
        System.out.println("\t* * * * * *班费支出明细表* * * * * *");
        System.out.println("----------------------------");
        System.out.println("支出明细\t\t单价\t数量\t金额");
        System.out.println("----------------------------");
        System.out.printf("党史学习图书\t%.2f\t%d\t%.2f\n", price1,num1,money1);
        System.out.printf("元旦晚会礼品\t%.2f\t%d\t%.2f\n", price2,num2,money2);
        System.out.printf("战队小组奖品\t%.2f\t%d\t%.2f\n", price3,num3,money3);
        System.out.println("----------------------------");
        System.out.printf("本次班费累计支出:%.2f 元,",money);
        String msg = after >= 0?"还剩":"需补交";
        double absAfter = after >= 0?after:-after;         //差额的绝对值
        System.out.printf("%s%.2f 元.",msg,absAfter);
    }
}
```

（3）保存并运行代码,根据提示分别输入班费信息,查看运行结果。

2.5.3 代码详解

计算班费明细是一个数值计算类的问题,此类问题在编写代码时通常按照"输入提示→

变量存储→公式计算→结果输出"四个环节进行设计。

1. 输入提示

```
System.out.print("请输入上次班费结余(元):");
System.out.println("请输入本次班费物品支出的单价和数量,用空格分开");
System.out.print("购买党史学习图书:");
System.out.print("购买元旦晚会礼品:");
System.out.print("购买战队小组奖品:");
```

第一个环节使用 print()或 println()方法提示文本的输出。提示文本后面一般带有冒号,有时也会标明输入数据的单位(如"元")和输入格式(如"用空格分开")。

2. 变量存储

```
double price1= input.nextDouble();
int num1 = input.nextInt();
```

第二个环节根据输入信息的类型,声明合适的变量进行存储,同时选用对应的输入信息语句。例如,购买图书的单价属于浮点类型,因此使用 double 类型的变量 price1 进行存储,同时使用 input.nextDouble()语句从控制台获取用户输入;而购买数量属于整型,因此使用 int 类型的变量 num1 进行存储,使用 input.nextInt()语句获取用户输入。

3. 公式计算

```
double money =  money1+money2+money3;        //总支出
double after=before－money;                  //差额
```

第三个环节比较简单,直接按照题目要求选择合适的运算符或者公式进行计算即可。

4. 结果输出

```
System.out.printf("党史学习图书\t%.2f\t%d\t%.2f\n", price1,num1,money1);
```

第四个环节需要事先定好输出结果的格式,可以使用\t 制表符进行数据的对齐。此外,如果显示的数据是浮点类型,则要考虑浮点数的计算精度问题。可以使用 printf()方法进行格式化输出,例如%.2f 表示显示小数点后两位。

```
String msg=after>=0?"还剩":"需补交";
double absAfter=after>=0?after:－after;       //差额的绝对值
```

有时人们会使用三元运算符进行结论的展示。例如,可根据差额是否大于 0 判断显示的信息是"还剩"还是"补交",展示的是差额的绝对值等。

2.6　强化训练

2.6.1　语法自测

扫码完成语法自测题。

自测题.docx

2.6.2　上机强化

(1) 温度转换。

要求：已知温度转换公式为"摄氏度×9÷5＋32＝华氏度"，请输出 37 摄氏度转换后的华氏温度，要求保留 2 位小数。

(2) 奇偶数判断。

要求：输入一个数字，判断输出是奇数还是偶数。

分析：接收键盘输入的整数，如果除 2 求余后为 0 则是偶数，否则为奇数。判断时会用到三元运算符。

(3) 数的反向输出。

要求：从键盘上输入一个三位数，然后将它反向输出，如输入 673，输出应为 376。

分析：先求出输入数的个位、十位和百位，再逆序组成新数。

2.6.3　进阶探究

(1) 鸡兔同笼问题。若干只鸡兔同在一个笼子里，从上面数，有 35 个头；从下面数，有 94 只脚。问笼中各有多少只鸡和兔？

要求：根据题目解方程组，输出鸡和兔子的个数。

分析：设所求的鸡数是 x 只，兔子数是 y 只，已知笼子里的头数是 a，脚数是 b，依照题意，得到如下方程组：

$$\begin{cases} x+y=a \\ 2x+4y=b \end{cases}$$

解方程组得：

$$x=2a-b/2, \quad y=b/2-a$$

(2) 水仙花数的判断。

要求：输入一个三位数，例如 153，输出"是水仙花数"；若输入 199，输出"不是水仙花数"。

分析：所谓"水仙花数"，是指一个三位数各位数字的立方和等于该数本身。例如，153 是一个水仙花数，因为 $153=1^3+5^3+3^3$。依次求出三位数各个位的值，然后求出各个位的立方和，最后用三元运算符判断是否为水仙花数。

思政驿站

一场数据类型溢出引发的灾难

数据类型溢出是编程中常见的错误之一，它发生在程序尝试将超出数据类型所能表示范围的值存储在该类型的变量中时。这种错误可能导致不可预测的行为和程序崩溃，欧洲航天局的阿丽亚娜 5 型运载火箭(Ariane 5)爆炸事故就是由于数据类型溢出导致的错误而产生的结果(图 2-18)。

大家都已经知道,在编程时必须定义程序用到的变量,以及这些变量所需要的计算机内存。这些内存用比特(bit)定义,一个 16 位的整型变量可以代表－32768～32767 的值。

1996 年 6 月 4 日,阿丽亚娜 5 型运载火箭首次发射点火后,开始偏离路线,最终被迫引爆自毁,整个过程只有短短 37 秒。阿丽亚娜 5 型运载火箭是基于前一代 4 型运载火箭开发的。在 4 型火箭系统中,对一个水平速率的测量值使用了 16 位的整型变量及内存。5 型火箭的研发人员也沿用了这部分程序,没有对新火箭进行数值的验证,而直接将一个 64 位的浮点数值的飞行数据转换为 16 位的整数,结果发生了致命的数值溢出。火箭的惯性基准系统 IRS 接收到了错误的数据,从而给出了错误的飞行控制指令。最终,火箭偏离了预定轨迹,不得不选择自毁,研制费 80 亿美元也变成了一个巨大的烟花。

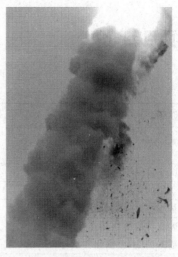

图 2-18　阿丽亚娜 5 型运载火箭升空几秒后即发生爆炸

下面通过一段简化的 Java 代码,用于说明这个转换错误:

```java
public class Ariane5BugExample {
    public static void main(String[] args) {
        // 假设这是一个 64 位浮点数值,代表参考数据
        double referenceData = 0x41C80000;        // 这是一个示例值,实际值可能不同
        // 错误地将 64 位浮点数转换为 16 位整数
        // 这将导致数据截断和溢出
        short truncatedData = (short) referenceData;
        // 打印转换后的 16 位整数值
        System.out.println("转换后的 16 位整数值: " + truncatedData);
        // 如果这个值用于控制火箭,可能会导致错误的飞行控制指令
    }
}
```

在这段代码中,有一个 64 位的浮点数值 referenceData,它代表参考数据。然后,程序尝试将这个浮点数值转换为一个 16 位的整数 truncatedData。由于浮点数值的范围远远超出了 16 位整数的表示范围,这个转换将导致数据截断,丢失高位信息,并且可能会发生溢出,导致最终的整数值与预期完全不同。

在阿丽亚娜 5 型火箭的实际情况中,这种错误的数据转换导致了错误的飞行控制指令,最终导致了火箭的爆炸。这个案例也告诉我们,在软件设计和开发过程中,对数据类型转换和数据精度的准确处理是非常重要的。

项目小结

本项目主要讲解了 Java 的基本语法、变量、数据类型、运算符,以及 Java 的基本输入和输出等,并通过多个大学生活常见的应用场景进行了功能代码实现,培养了学生应用程序解决常见问题的能力,提升了学生的程序思维能力。

项目评价

自主学习评价表

你学会了					
	好		中		差
	5	4	3	2	1
Java 的基本语法	◎	◎	◎	◎	◎
变量的定义和使用方法	◎	◎	◎	◎	◎
基本数据类型的特点	◎	◎	◎	◎	◎
运算符的使用特点	◎	◎	◎	◎	◎
基本的输入/输出方法	◎	◎	◎	◎	◎
你认为					
	总是		一般		从未
	5	4	3	2	1
对你的能力的挑战	◎	◎	◎	◎	◎
你在本项目中为成功所付出的努力	◎	◎	◎	◎	◎
你投入(做作业、上课等)的程度	◎	◎	◎	◎	◎
你在学习过程中碰到了哪些难题？是如何解决的？					
你在日常生活中有哪些问题或者想法能用所学知识实现？试举例说明。					
看完思政驿站后,说说你的感悟。					

项目 3　设计个性计算器

技能目标

- 了解条件结构的概念,会绘制条件结构流程图。
- 熟练掌握三种 if 条件语句。
- 会根据不同场景选择分支语句。
- 掌握嵌套分支语句和 switch 语句。
- 掌握 Math 类相关方法的使用。

知识图谱

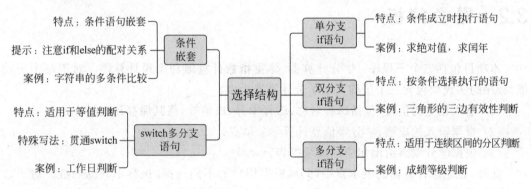

教学重难点

教学重点:

- 条件语言流程图;
- 三种常规 if 语句的使用;
- 多分支 switch 语句的使用;
- if 语句和 switch 语句的区别;
- 熟练掌握 switch 语句的用法。

教学难点:

- 条件语句的嵌套;
- 条件语句的优化;
- if 语句的缩进和层次;
- Math 类数学方法的使用。

3.1 项目任务

计算器是一种常见的计算工具,主要用于执行各种数学运算。不同的计算器具备不同的功能:标准计算器通常限于基本的算术操作,如加法、减法、乘法和除法;而科学计算器则功能更为强大,能够处理更复杂的数学问题。在日常生活中,我们经常需要进行特定的计算,如房贷、水电费等。这些计算往往超出了普通计算器的能力范围。在这种情况下,就需要根据特定公式设计和开发具有特定功能的计算器,以满足这些特定的计算需求。

本项目的任务是开发一个包含各种个性化计算功能的超级计算器。目前该计算器提供三种计算功能:学分计算、体重指数计算、个税计算。当然,同学们在学完本项目后,也可以自己去实现一些特定功能的计算,去丰富这款超级计算器。

进入系统后,首先展示功能菜单,上面显示了各种计算器和对应的序号,当用户输入计算器序号后,就可以使用该计算器完成对应的功能。

3.2 需求分析

本项目包括三个子程序:学分计算器、体重指数计算器和个税计算器。对于每个子功能,程序的实现均包含三个步骤。以学分计算器为例:

(1) 输入相应的信息,包括课程名称、课程学分、成绩等,将其保存到变量中;

(2) 根据输入的成绩、学分等信息计算学分绩点;

(3) 根据学分绩点给出相应的成绩报告。

此外,在超级计算器的展示菜单部分,根据用户的不同选择,执行不同的功能。对于这种在运行时根据用户输入的数据不同,执行结果也不同的情况,需要用到选择结构。

3.3 技术储备

基本程序结构

3.3.1 基本程序结构

顺序结构、选择结构和循环结构是结构化程序设计的三种基本结构,是各种复杂程序的基本构造单元,人们常用程序流程图表示这三种结构。

美国国家标准化协会 ANSI 规定了一些常用的流程图符号,如图 3-1 所示,使用它们可以组合成表示各种算法的图形。

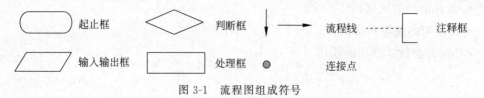

图 3-1 流程图组成符号

上述三种基本结构的程序流程图如图 3-2 所示。其中,第一幅图是顺序结构的流程图,编写完毕的语句按照顺序依次被执行;第二幅图是选择结构的流程图,主要根据数据和中间结果的不同选择执行不同的语句,选择结构主要由条件语句(也叫判断语句或分支语句)组成;第三幅图是循环结构的流程图,是在一定条件下反复执行某段程序的流程结构,其中,被反复执行的语句称为循环体,而决定循环是否终止的判断条件称为循环条件。

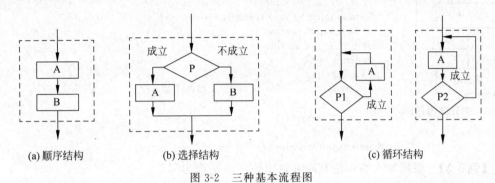

(a) 顺序结构　　　　　(b) 选择结构　　　　　(c) 循环结构

图 3-2　三种基本流程图

本项目之前编写的大多数例子都是顺序结构。例如,声明并输出一个 int 类型的变量,代码如下:

```
int a=15;
System.out.println(a);
```

上述代码依次执行,因此是顺序结构。顺序结构比较简单,接下来将重点介绍选择结构。

3.3.2　if 语句的三种形式

if 语句属于选择结构,它用于判断一个给定的条件是否成立。根据条件的真假(true 或 false),程序将选择执行两种不同的操作之一。在项目 2 中我们已经介绍了关系和逻辑运算,它们的结果可以是 true 或 false,并且经常被用作决策判断的依据。if 语句有以下三种不同的形式。

1. if 单分支条件语句

if 语句是最基本的分支结构,它允许根据单一的条件表达式来执行代码块。如果条件表达式的结果为 true,则执行 if 块内的代码;如果结果为 false,则跳过该代码块。语法如下:

if 语句的三种形式

```
if(条件表达式){
    // 条件为 true 时执行的代码
}
```

if 块内的代码可以是一条或多条语句。若只有一条语句,也可省略"{ }"。例如,求一个数的绝对值,除了之前的三元运算符,也可使用 if 语句。

```
Scanner input = new Scanner(System.in);
int x = input.nextInt();
if (x < 0)
    x = -x;
System.out.println("绝对值如下:"+x);
```

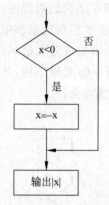

图 3-3　单分支流程图

该语句的执行流程图如图 3-3 所示。

当条件成立时,所执行的语句由多条组成,此时应该用大括号{ }将这些语句括起来。下面的两个案例演示了这种使用方法。

【例 3-1】　两个整数分别存放在变量 x 和 y 中,要求 x 存放较大的数,y 存放较小的数。

```
Scanner input = new Scanner(System.in);
int x = input.nextInt();
int y = input.nextInt();
int temp = 0;
if (x < y) {
    temp = x;              //交换两个数
    x = y;
    y = temp;
}
System.out.println("x=" + x + ",y=" + y);
```

【例 3-2】　根据输入的年份判断并输出该年份是否为闰年。

```
System.out.println("请输入年份:");
Scanner input = new Scanner(System.in);
int year=input.nextInt();
if(year%4==0 && year%100!=0 || year%400==0){
    System.out.println(year+"是闰年");
}
```

判断是否为闰年的条件,即能被 4 整除且不能被 100 整除或能被 400 整除的就是闰年。这里的布尔表达式由多个逻辑运算符连接而成。

2. if...else 双分支条件语句

if...else 双分支条件语句是条件语句中最常见的一种形式,它提供了两个不同的执行路径。如果 if 条件为 true,则执行 if 块内的代码;如果条件为 false,则执行 else 块内的代码。语法如下:

```
if (条件表达式) {
    // 条件为 true 时执行的代码
} else {
    // 条件为 false 时执行的代码
}
```

例如,判断一个数是奇数还是偶数的代码如下。

```
Scanner input = new Scanner(System.in);
int x = input.nextInt();
if (x % 2 == 0)
    System.out.println("x 是偶数");
else
    System.out.println("x 是奇数");
```

该语句的执行流程图如图 3-4 所示。

【例 3-3】　大学英语四级考试合格分数为 425 分。一位大二同学的大学英语四级分数是 424 分,判断并输出该学生是否通过了考试。

```
System.out.println("请输入大学英语四级考试分数:");
```

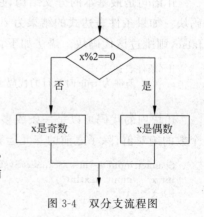

图 3-4　双分支流程图

```
Scanner input = new Scanner(System.in);
int grade=input.nextInt();
if(grade>=425)
    System.out.println("恭喜你,过关了!");
else
    System.out.println("很遗憾,再接再厉!");
```

一些同学在遇到双分支语句的问题时,常常会将两个单分支语句结合在一起使用,例如,上面的案例中会使用如下代码:

```
if(grade>=425)
    System.out.println("恭喜你,过关了!");
if(grade<425)
    System.out.println("很遗憾,再接再厉!");
```

这种代码虽然也能解决问题,但是没有 if...else 双分支语句高效,因为后者在找到匹配的条件后就会停止评估后续的条件。

【例 3-4】 判断用户输入的三边能否组成三角形。

```
System.out.println("请依次输入三角形的三条边:");
Scanner input = new Scanner(System.in);
double a, b, c;
a = input.nextDouble();
b = input.nextDouble();
c = input.nextDouble();
if (a <= 0 || b <= 0 || c <= 0) {
    System.out.println("三角形的三条边必须大于 0");
    return;                                    //该语句退出当前运行的方法,提前结束程序
}
if (a + b > c && b + c > a && c + a > b)
    System.out.println("构成三角形");
else
    System.out.println("不构成三角形");
```

在例 3-4 中出现了两个 if 结构。第一个 if 是单分支条件语句,如果用户输入的边长有一条边小于 0,则给出提示信息后,使用 return 语句结束整个程序;第二个 if...else 是双分支条件语句,如果两边之和大于第三边,则可以构成三角形,否则输出不能构成三角形。

3. if...else if...else 多分支条件语句

该语句用于处理某一事件的若干种情况。如果满足某个条件,就采用与该条件对应的处理方式;如果满足另一个条件,则采用与另一个条件对应的处理方式。一旦某个条件满足,后续的 else if 语句将不会被评估。语法如下。

```
if (条件表达式 1) {
    // 条件表达式 1 为 true 时执行的代码
} else if (条件表达式 2) {
    // 条件表达式 1 为 false 且条件表达式 2 为 true 时执行的代码
} else if (条件表达式 3) {
    // 条件表达式 1 和条件表达式 2 都为 false 且条件表达式 3 为 true 时执行的代码
} else {
    // 上述所有条件都不满足时执行的代码
}
```

【例 3-5】 从键盘上读入一名学生的成绩,存放在变量 score 中,根据 score 的值输出其对应的成绩等级。

score≥90	等级：A
80≤score＜90	等级：B
70≤score＜80	等级：C
60≤score＜70	等级：D
score＜60	等级：E

代码如下：

```java
Scanner input = new Scanner(System.in);
System.out.print("请输入学生的成绩:");
int score = input.nextInt();
if(score >= 90){
    System.out.println("等级:A");
}else if(score >= 80){
    System.out.println("等级:B");
}else if(score >= 70){
    System.out.println("等级:C");
}else if(score >= 60){
    System.out.println("等级:D");
}else{
    System.out.println("等级:E");
}
```

该语句的执行流程图如图 3-5 所示。

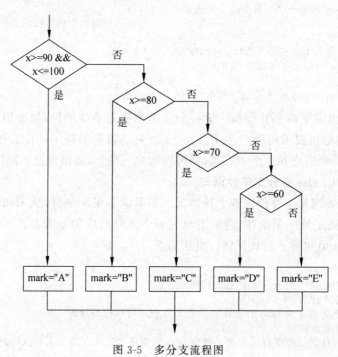

图 3-5 多分支流程图

在执行上面的多分支 if 语句时,程序自上而下对表达式进行判断,当表达式为真时,则执行相应的语句,其余部分跳过。如果所有的测试表达式均为假,则执行最后的 else 语句。

if...else if...else 特别适合解决区间连续的条件判断语句。在上面的案例中,可以将不同条件用区间进行划分,从左到右或从右到左依次插入适用条件即可,如图 3-6 所示。

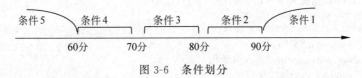

图 3-6　条件划分

3.3.3　if 语句实现嵌套判断

if 语句实现
嵌套判断

　　if 语句的嵌套指的是在一个 if 语句的代码块内部再次使用 if 语句,这样就可以根据多个条件来执行不同的代码路径。嵌套 if 语句可以视为在一个条件的基础上进一步细分条件,从而实现更复杂的逻辑控制。一般形式如下:

```
if(条件表达式 1){
    if(条件表达式 2) {
        // 当条件表达式 1 为 true 且条件表达式 2 为 true 时执行的代码
    }
    else {
        // 当条件表达式 1 为 true 且条件表达式 2 为 false 时执行的代码
    }
}else{
    if(条件表达式 3) {
        // 当条件表达式 1 为 false 且条件表达式 3 为 true 时执行的代码
    }
    else {
        // 当条件表达式 1 为 false 且条件表达式 3 为 false 时执行的代码
    }
}
```

　　应当注意 if 与 else 的配对关系,else 总是与它上面的距离最近的未配对的 if 配对。例如,图 3-7 的两个程序段,左边的程序段从书写形式上看,else 似乎应与第一个 if 配对,实际上,else 离第二个 if 最近,因而应与第二个 if 配对。因此,建议同学们即使在 if 或 else 中语句只有一条的情况下,也要用"｛　｝"把语句包含起来,并保持程序缩进。

```
if (a<b)                  if (a<b){
    if (b<c)                  if (b<c){
        c=a;                      c=a;
    else                      }
        c=b;                  }else{
                                  c=b;
                              }
(a) 不规范写法            (b) 规范写法
```

图 3-7　两种写法对比

　　【例 3-6】　学校举行运动会,百米赛跑中跑入 14 秒内的学生有资格报名,根据性别分别进入男子组和女子组。请根据用户输入的成绩和性别,输出该同学应该进入哪种组别。

```
Scanner input = new Scanner(System.in);
System.out.print("请输入学生的成绩:");
```

```
double score = input.nextDouble();
System.out.print("请输入学生的性别(男/女):");
String gender = input.next();
if (score <= 14) {
    if (gender.equals("男")) {
        System.out.println("进入男子组!");
    } else if (gender.equals("女")) {
        System.out.println("进入女子组!");
    }
} else {
    System.out.println("淘汰!");
}
```

上述代码中,首先判断成绩是否在 14 秒之内,如果是,则继续判断性别,分别进入相应的组别,否则输出"淘汰"。当然,题目的解法不是唯一的,此题也可先判断性别,然后在每个性别范围内继续判断是否进入决赛,同样也可用到嵌套语句。有兴趣的同学可以自行一试。

在进行字符串的比较时,我们使用了一种特殊的比较表达式,语法如下:

字符串 1.equals(字符串 2)

例如,下面的代码就是判断 gender 变量的值是否和"男"相等。

```
if (gender.equals("男")) {
    …
}
```

在进行字符串比较时,千万不能直接用 gender=="男" 这样的表达式。在下面的例子中,字符串 a 和 b 是两个不同的变量,在用==进行判断时,判断的不是字符串的值,而是其内存地址,因此 a==b 的结果是 false。

```
String a="abc";
a=a+"def";
String b="abcdef";
System.out.println(a==b);          //输出 false,变量 a 的地址和 b 不一样
System.out.println(a.equals(b));    //输出 true,a 和 b 的值相同
```

大多数情况下,可以灵活适用逻辑运算符将多个条件连接起来,这样也可避免使用条件嵌套语句。如上面案例中,若将分数和性别判断表达式用 && 连接,可以这样实现:

```
if (score <= 14 && gender.equals("男")) {
    System.out.println("进入男子组决赛!");
} else if (score <= 14 && gender.equals("女")) {
    System.out.println("进入女子组决赛!");
} else {
    System.out.println("淘汰!");
}
```

再思考一个问题,大学生进入百米决赛的成绩往往和性别有关,男生的速度会比女生快一些。如果要求男子组速度 14 秒内即可报名,女子组需要 16 秒内,大家能够根据输入的成绩和性别,判断该同学应该进入哪种组别吗?

一般而言,if 语句可以随意嵌套,但从理解和阅读的方便性来说,最好不要超过 3 层,否则将会降低代码的可读性。总之,if 语句的语法非常灵活,一个问题往往有多种解法,要多学多练,方能熟练掌握。

3.3.4 switch 多分支语句

switch 语句是一种多分支选择结构,它允许基于变量的值来选择执
行不同的代码块。switch 语句包含一个表达式和一个或多个 case 标签,
每个 case 标签后面跟着一个要执行的代码块。语法如下:

switch 多分支
语句

```
switch (表达式) {
    case 值 1:
        // 当表达式等于值 1 时执行的代码
        break;
    case 值 2:
        // 当表达式等于值 2 时执行的代码
        break;
    …
    default:
        // 当表达式与所有 case 值都不匹配时执行的代码
}
```

在 switch 语句中,expression 是一个变量或表达式,其类型可以是整型、字符型、枚举型
或者字符串型,其值会被逐个与 case 标签后的值进行比较。如果找到匹配的 case,就执行
对应的代码块。break 语句用于退出 switch 结构,防止执行下一个 case 的代码(被称为
"case 穿透")。如果没有匹配的 case,则执行 default 块中的代码,default 部分是可选的。
switch 多分支语句的执行流程图如图 3-8 所示。

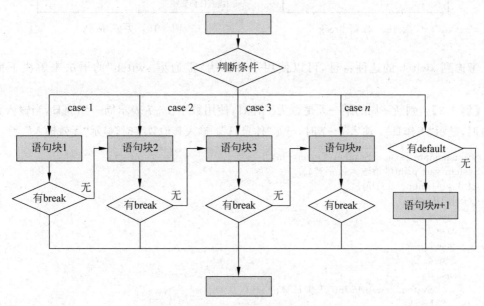

图 3-8 switch 结构流程图

【例 3-7】 学校举办计算机编程大赛,如果获得第一名,将参加 1 个月夏令营;如果获
得第二名,将奖励笔记本电脑一部;如果获得第三名,将奖励移动硬盘一个;否则,不给任
何奖励,编程实现根据获奖等级输出奖品信息。

```
Scanner input = new Scanner(System.in);
System.out.print("请输入获奖等级:");
```

```
int mingCi = input.nextInt();
switch (mingCi) {
    case 1:
        System.out.println("参加 1 个月夏令营");
        break;
    case 2:
        System.out.println("奖励笔记本电脑一部");
        break;
    case 3:
        System.out.println("奖励移动硬盘一个");
        break;
    default:
        System.out.println("没有任何奖励 ");
}
```

上述这段代码的运行结果如图 3-9 所示。这里需要说明的是,如果将每个分支里的 break 去掉,则运行结果如图 3-10 所示,这时 switch 结构中匹配成功后所有的代码都会执行,其实 case 表达式仅仅决定了程序的入口。

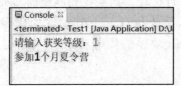

图 3-9　保留 break

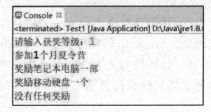

图 3-10　去掉 break

考虑到 switch 的这种特性,可以使用一种称为"贯通型 switch"的语法来解决下面的问题。

【例 3-8】　判断一周的某一天是否为工作日,使用数字 1~7 表示周一到周日,当输入数字 1~5 时,显示"工作日";输入 6~7 时,显示"休息日";输入其他数字时,显示"无效输入"。

```
Scanner input = new Scanner(System.in);
System.out.print("请输入数字:");
int day = input.nextInt();
switch (day) {
    case 1:
    case 2:
    case 3:
    case 4:
    case 5:
        System.out.println("工作日");
        break;
    case 6:
    case 7:
        System.out.println("休息日");
        break;
    default:
        System.out.println("无效输入");
}
```

上述代码中,无论用户输入 1~5 的哪一个数字,均会执行 case 5 对应的代码,再退出。

3.4 任务演练

3.4.1 任务1：个税计算器

1. 任务效果

前面几个任务的顺利完成,使刘星积累了不少开发经验。刘星的爸爸对每个月工资的税务缴纳总有些疑虑,于是刘星决定开发一个个税计算器,帮爸爸算算每个月的应缴税额,运行结果如图 3-11 所示。

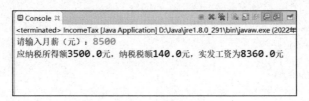

图 3-11 运行结果 1

2. 任务分析

我国税收取之于民,用之于民,国家职能的实现必须以社会各界缴纳的税收为物质基础。因而,每个公民都应具有主人翁意识,自觉纳税。本任务为设计个税计算器,通过键盘输入用户的月薪,根据国家公布的个税计算方式计算出应缴纳的税款并进行输出。

国家的个税计算公式如下：

- 应纳税所得额＝工资收入金额－各项社会保险费－起征点(5000 元)
- 应纳税额＝应纳税所得额 * 税率－速算扣除数

具体计算标准如表 3-1 所示。

表 3-1　个人所得税计算标准

级数	应纳税所得额	税率/%	速算扣除数
1	不超过 3000 元的部分	3	0
2	超过 3000 元且不多于 12000 元的部分	10	210
3	超过 12000 元且不多于 25000 元的部分	20	1410
4	超过 25000 元且不多于 35000 元的部分	25	2660
5	超过 35000 元且不多于 55000 元的部分	30	4410
6	超过 55000 元且不多于 80000 元的部分	35	7160
7	超过 80000 元的部分	45	15160

例如,刘星爸爸工资为 10000 元,应纳税所得额为 5000 元,应纳税额为(10000－5000)×10％－210＝290(元),也就是说,税后工资为 9710 元。刘星的爷爷工资为 4000 元,而个税起征点是 5000 元,所以刘星爷爷不需要交个人所得税。

根据任务可以得知这是一个基于范围区间的多分支判断问题。此题可使用 if…else if 的语法实现。

3. 代码实现

(1) 在 Java 项目中添加一个类 IncomeTax,同时将主函数 main 添加到类中。

(2) 在主函数中输入如下代码。

```java
Scanner input = new Scanner(System.in);
System.out.print("请输入月薪(元):");
double salary=input.nextDouble();                //月薪
double jiao=salary-5000;                         //应纳税所得额
double tax=0;                                    //应纳税额
if(jiao<=0){
    System.out.println("个税起征点为 5000 元,不需要纳税");
}else if(jiao<=3000){
    tax=jiao * 0.03;
}else if(jiao<=12000){
    tax=jiao * 0.1-210;
}else if(jiao<=25000){
    tax=jiao * 0.2-1410;
}else if(jiao<=36000){
    tax=jiao * 0.25-2660;
}else if(jiao<=55000){
    tax=jiao * 0.3-4410;
}else if(jiao<=80000){
    tax=jiao * 0.35-7160;
}else{
    tax=jiao * 0.45-15160;
}
salary-=tax;                                     //实发工资
System.out.println("应纳税所得额"+jiao+"元,纳税税额"+tax+"元,实发工资为"+salary+
"元");
```

(3) 运行程序,观察运行结果。

4. 代码详解

对于计算类问题,首先确定输入,再根据提议设计相应的算法,选择合适的程序结构,最后完成输出。上述代码中,首先确定输入的变量为月薪,根据月薪可以计算出应纳税所得额,再选择分支判断语句计算出应纳税额、实发工资等。整体步骤如图 3-12 所示。

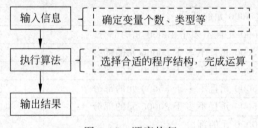

图 3-12 顺序执行

3.4.2 任务 2:学分计算器

1. 任务效果

计算机学院要评奖学金了,刘星很想知道自己的成绩对应的学分绩点。他找来《学生管理手册》,发现学分绩点的计算有相应的公式,分为百分制绩点和五级制绩点。尝试和刘星一起开发一个学分计算器吧!

效果如图 3-13 和图 3-14 所示。

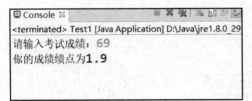

图 3-13　百分制成绩绩点计算效果　　　　图 3-14　五级制成绩绩点计算效果

2．任务分析

在项目 2 中,我们通过直接输入学分和绩点计算出学生的平均学分绩点,那如何依据学生成绩计算出绩点呢?

通过查看《学生管理手册》,发现课程成绩绩点是学生某门课程的成绩系数,是课程学习质量的评价指标。系数值可以为 0~5.0 的任意值(保留到小数点后 1 位)。学生成绩按照百分制、五级制记载,只有课程考核总评成绩为 60 分及以上(百分制)、及格及以上(五级制)时,才能获得该门课程的学分和相应的课程学分绩点。课程成绩与课程成绩绩点的换算关系如表 3-2 所示。

表 3-2　课程成绩与课程成绩绩点的换算关系

考核类别	课程成绩	课程成绩绩点
百分制	60~100(包括 60 和 100)	绩点＝(分数/10)−5 (保留小数点后 1 位)
	60 以下	0.0
五级制	优秀	4.5
	良好	3.5
	中等	2.5
	及格	1.5
	不及格	0.0

对于百分制成绩绩点的计算,可以采用双分支 if 语句。当成绩在 60 分以上时,按照公式计算成绩绩点;当成绩在 60 分以下时,成绩绩点设置为 0。

对于五级制成绩绩点的计算,可以采用 switch 语句,通过判断课程成绩,直接在各个符合条件的分支语句里进行赋值即可。

两部分的程序流程图如图 3-15 所示。

3．代码实现

(1)在 Java 项目中添加一个类 GPA,同时将主函数 main 添加到类中。

(2)在主函数中分别输入如下代码。

① 百分制成绩绩点计算代码。

```java
Scanner input = new Scanner(System.in);
double score;
double gpa = 0.0;
System.out.print("请输入考试成绩:");
```

```
score = input.nextDouble();
if (score <= 100 && score >= 60) {
    gpa = score / 10 - 5;
} else {
    gpa = 0;
}
System.out.print("你的成绩绩点为" + gpa);
```

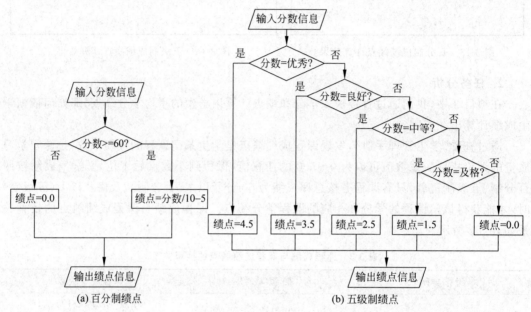

(a) 百分制绩点　　　　　　　　(b) 五级制绩点

图 3-15　程序流程图 1

② 五级制成绩绩点计算代码。

```
Scanner input = new Scanner(System.in);
String grade;
double gpa = 0;
System.out.print("请选择考核成绩(A 优秀,B 良好,C 中等,D 及格,E 不及格):");
grade = input.next();
switch (grade) {
case "A":
    gpa = 4.5;
    break;
case "B":
    gpa = 3.5;
    break;
case "C":
    gpa = 2.5;
    break;
case "D":
    gpa = 1.5;
    break;
case "E":
    gpa = 0;
    break;
default:
    System.out.print("输入无效!");
```

```
}
System.out.print("你的成绩绩点为" + gpa);
```

（3）分别运行程序，观察运行结果。

4. 代码详解

运行第一段代码，我们会发现无论如何输入成绩，学分绩点总是一个不精确的值，比如：

```
请输入考试成绩: 69
你的成绩绩点为1.9000000000000004
```

这是因为在基本数据类型中，float 和 double 都表示浮点型数据，而计算机计算采取的是对二进制的计算，所以会存在一定程度上的精度丢失问题。

比如输入以下代码，运行会发现结果并不如我们想象的那样。

```
System.out.println(3-2.7);           //结果:0.2999999999999998
System.out.println(69/10.0-5);       //结果:1.9000000000000004
```

为此可以使用项目 2 的 printf() 方法进行格式化输出，这样就可以让绩点保留小数点后 1 位了。

```
System.out.printf("你的成绩绩点如下:%.1f", gpa);
```

5. 代码完善

接下来同学们想一想，如果将上述两个部分的绩点计算放在一个程序里，如图 3-16 所示，应该如何修改代码呢？

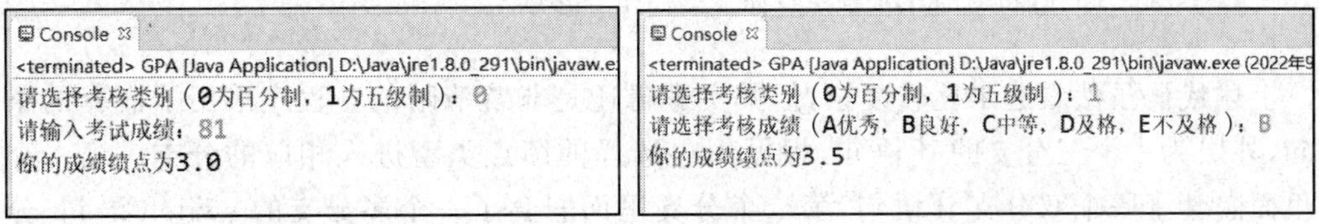

(a) 选择百分制　　　　　　　　　　(b) 选择五级制

图 3-16　运行结果 2

另外，需要使用一个双分支的 if 语句，根据用户输入的考核类别，分别执行相应的绩点计算即可，具体结构如下所示。

```
public static void main2() {
    Scanner input = new Scanner(System.in);
    int type;               //考核类别
    double score;           //百分制成绩
    String grade;           //五级制成绩
    double gpa = 0;         //绩点
    System.out.print("请选择考核类别(0 为百分制,1 为五级制):");
    type = input.nextInt();
    if (type == 0) {
        //此处放入百分制绩点的计算代码
        System.out.print("请输入考试成绩:");
        score = input.nextDouble();
        if (score >= 60 && score <= 100){
            gpa = score / 10.0 - 5;
        }else {
            gpa = 0;
        }
```

77

```
        } else if (type == 1) {
            //此处放入五级制绩点的计算代码
            System.out.print("请选择考核成绩(A优秀,B良好,C中等,D及格,E不及格):");
            grade = input.next();
            switch (grade) {
            case "A":
                gpa = 4.5;
                break;
            case "B":
                gpa = 3.5;
                break;
            case "C":
                gpa = 2.5;
                break;
            case "D":
                gpa = 1.5;
                break;
            case "E":
                gpa = 0;
                break;
            default:
                System.out.print("输入无效!");
            }
        } else {
            System.out.print("输入无效!");
        }
        System.out.printf("你的成绩绩点如下:%.2f", gpa);
    }
```

上述代码虽然看起来比较复杂,但其实逻辑还是非常清晰的。程序采用了嵌套的条件语句,外层为一个三分支的 if 语句,根据用户选择的绩点类型进入相应的分支。第一个分支里面嵌套了一个双分支 if 语句,第二个分支里面嵌套了一个多分支的 switch 语句,分别完成相应的判断。

3.4.3 任务3:体重指数计算器

1. 任务效果

足球协会开展训练了,为了更好地了解同学们的身体状况,刘星准备利用所学知识,开发出一款体重指数计算器,给大家的训练提供参考,效果如图 3-17 所示。和他一起完成这个任务吧!

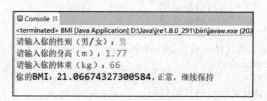

图 3-17 运行结果 3

2. 任务分析

身体质量指数(简称体重指数,英文简称为 BMI)是国际上常用的衡量人体胖瘦程度以及是否健康的一个标准,主要用于分析一个人的体重对于不同身高的人所带来的健康影响,是《国家学生体质健康标准》规定的测试项目。公式如下:

$$BMI = 体重(kg) \div 身高(m^2)$$

成人的 BMI 数值,男性低于 20 或女性低于 19 即为体重过轻;男性为 20~25 或女性为 19~24 则体重适中;男性为 25~30 或女性为 24~29 即为过重;男性为 30~35 或女性为 29~34 即为肥胖;男性高于 35 或女性高于 34 即为非常肥胖。

本任务首先要获取用户输入的性别、身高、体重等信息,接着判断用户的性别,按照男女不同再分别判断其体重指数位于哪个区间,并给出相应的建议。整体结构为嵌套判断,流程图如图 3-18 所示。

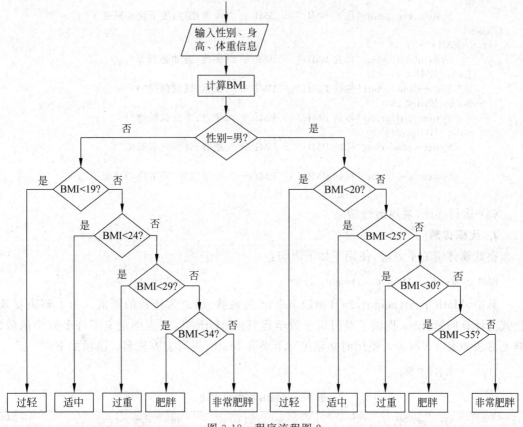

图 3-18　程序流程图 2

3. 代码实现

(1) 在 Java 项目中添加一个类 BMI,同时将主函数 main 添加到类中。

(2) 在主函数中输入如下代码。

```
Scanner input = new Scanner(System.in);
String gender;
double BMI, height, weight;
System.out.print("请输入你的性别(男/女):");
gender = input.next();
System.out.print("请输入你的身高(m):");
```

```
height = input.nextDouble();
System.out.print("请输入你的体重(kg):");
weight = input.nextDouble();
BMI = weight / Math.pow(height, 2);
if (gender.equals("男")) {
    if (BMI < 20)
        System.out.print("你的BMI:" + BMI + ",偏瘦,要加强营养");
    else if (BMI < 25)
        System.out.print("你的BMI:" + BMI + ",正常,继续保持");
    else if (BMI < 30)
        System.out.print("你的BMI:" + BMI + ",超重,要加强锻炼");
    else if (BMI < 35)
        System.out.print("你的BMI:" + BMI + ",肥胖,要少吃多锻炼");
    else
        System.out.print("你的BMI:" + BMI + ",非常肥胖,要下决心减肥了");
} else {
    if (BMI < 19)
        System.out.print("你的BMI:" + BMI + ",偏瘦,要加强营养");
    else if (BMI < 24)
        System.out.print("你的BMI:" + BMI + ",正常,继续保持");
    else if (BMI < 29)
        System.out.print("你的BMI:" + BMI + ",超重,要加强锻炼");
    else if (BMI < 34)
        System.out.print("你的BMI:" + BMI + ",肥胖,要少吃多锻炼");
    else
        System.out.print("你的BMI:" + BMI + ",非常肥胖,要下决心减肥了");
}
```

(3) 运行程序,观察运行结果。

4. 代码详解

在计算体重的平方时,使用了如下语句:

```
BMI = weight / Math.pow(height, 2);
```

其中,Math.pow(height,2)表示以 height 为底数、以 2 为指数的幂值。为了解决复杂公式的计算问题,Java 提供了专门用于数学运算的 Math 类,该类中定义了许多数学函数,典型方法如表 3-3 所示。使用时必须先写上类名 Math,再写上方法名。语法如下:

```
Math.方法名(参数)
```

表 3-3　Math 类中的方法

方　法　名	说　　明
static int abs(int a)	返回 a 的绝对值
static double ceil(double a)	返回大于或等于 a 的最小整数
static double floor(double a)	返回小于或等于 a 的最大整数
int round(float a)	按照四舍五入返回最接近 a 的整数
int max(int x,int y)	返回 x 和 y 的最大值
int min(int x,int y)	返回 x 和 y 的最小值
double pow(double a,double b)	返回 a 的 b 次幂
double sqrt(double a)	返回 a 的平方根
double cbrt(double a)	返回 a 的立方根

方　法　名	说　　明
double log(double a)	返回 a 的自然对数
double log10(double a)	返回以 10 为底的 a 的对数
double random()	返回大于或等于 0.0 且小于 1.0 的随机小数

3.5   项目实施

3.5.1   任务需求

在任务 1~任务 3 中我们创建了三个项目,分别完成了三种计算器的功能。在本次的综合项目中,我们将这三个计算器合并为一个综合项目,即"超级计算器",项目的运行结果如图 3-19 所示。

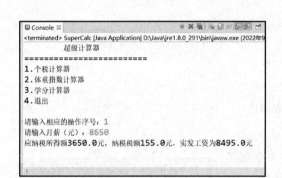

(a) 个税计算器

(b) 体重指数计算器

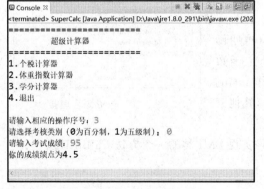

(c) 学分计算器

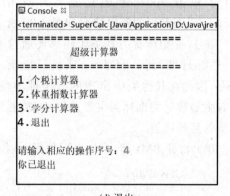

(d) 退出

图 3-19　本项目的运行结果

3.5.2   关键步骤

(1) 在 Eclipse 中新建一个项目 SuperCaculator,选择 File→New→Class 命令,输入 Java 类名 Menu,选中主函数 main 复选框,单击 Finish 按钮完成类 Menu 的创建。

（2）在 Menu 类的主函数 main 中添加如下代码，完成主程序菜单的创建。

```java
public static void main(String[] args) {//此段代码自动生成,不用添加
    Scanner input = new Scanner(System.in);
    System.out.println("==============================");
    System.out.println("\t 计算器百宝箱");
    System.out.println("==============================");
    System.out.println("1.个税计算器");
    System.out.println("2.体重指数计算器");
    System.out.println("3.学分计算器");
    System.out.println("4.退出");
    System.out.println();
    System.out.print("请输入相应的操作序号:");
    int choice = input.nextInt();
    switch (choice) {
        case 1:
            //个税计算器
            break;
        case 2:
            //体重指数计算器
            break;
        case 3:
            //学分计算器
            break;
        case 4:
            System.out.println("你已退出");
            break;
        default:
            System.out.println("输入无效,程序退出");
    }
}//此段代码自动生成,不用添加
```

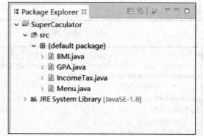

设计个性计算器

（3）在 SuperCaculator 项目中分别添加 3 个新类 IncomeTax、BMI、GPA，每个类均不选中主函数 main 选项。单击 Finish 按钮完成类的创建。在 Java 的 Project 视图看到的资源情况如图 3-20 所示。

在 Java 中所有的算法代码都要通过方法（也叫函数）进行封装，而一个 Java 项目只能有一个主函数 main，因此在其他类中出现的方法都不能叫作 main。拥有主函数的类也称为主类。Menu 就是主类，其他三个类就是普通类。

图 3-20　包资源管理器

（4）打开 BMI 类，写入以下代码，该段代码实现 BMI 类的一个方法 CalBMI()。

```java
public class BMI {
    public static void CalBMI() { //方法
        //此处填入任务 2 中的代码实现部分
    }
}
```

（5）打开 GPA 类，写入以下代码，该段代码实现 GPA 类的方法 CalGPA()。

```java
public class GPA {
    public static void CalGPA() { //方法
        //此处填入任务 3 中的代码实现部分
    }
}
```

（6）打开 IncomeTax 类，写入以下代码，该段代码实现 IncomeTax 类的方法 CalTax()。

```java
public class IncomeTax{
    public static void CalTax() { //方法
        //此处填入任务1中的代码实现部分
    }
}
```

（7）打开主类 Menu，补充完成各个方法的调用。关于方法调用，在后续的项目中会进行详细介绍。大家只需理解方法就是将一段代码进行引用就可以了。

```java
//与之前代码相同，省略……
switch (choice) {
    case 1:
        //个税计算器
        IncomeTax.CalTax(); //需补充的代码
        break;
    case 2:
        //体重指数计算器
        BMI.CalBMI();   //需补充的代码
        break;
    case 3:
        //学分计算器
        GPA.CalGPA();  //需补充的代码
        break;
    case 4:
        System.out.println("你已退出");
        break;
    default:
        System.out.println("输入无效，程序退出");
}
```

（8）保存并运行代码，查看运行结果。

3.5.3 代码详解

Java 使用方法来进行模块化的程序设计，就像搭积木一样，通过方法调用将各个方法组织在一起。其方法调用情况如图 3-21 所示。

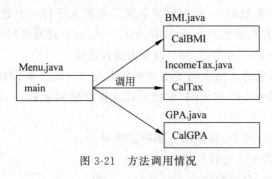

图 3-21 方法调用情况

说明：

① 方法都位于类中，通常用主方法描述程序的总体框架，而其他方法则完成某种特定的子功能。

② 所有的方法都处于平等地位，即在定义方法时是相互独立的，一个方法并不属于另一个方法，即不能嵌套定义方法。除了主方法不能被调用外，其他方法之间均可相互调用。

方法的创建和调用语法将在项目5中详细介绍。

3.6 强化训练

3.6.1 语法自测

扫码完成语法自测题。

自测题.docx

3.6.2 上机强化

(1) 输入并调试、运行下列程序,找出 3 个正数中的最大值的程序并记录运行结果。

```java
public static void main(String[] args) {
    int a = 1, b = 2, c = 3, max, min;
    if (a > b)
        max = a;
    else
        max = b;
    if (c > max)
        max = c;
    System.out.print("max=" + max);
}
```

如果想找最小值,应如何修改代码?

(2) 恩格尔系数是德国统计学家恩格尔在 19 世纪提出的反映一个国家和地区居民生活水平状况的定律,计算公式如下:

$$N = 人均食物支出金额 \div 人均总支出金额 \times 100\%$$

联合国根据恩格尔系数的大小,对世界各国的生活水平有一个划分标准,即一个国家平均家庭恩格尔系数,大于或等于 60% 为贫穷,50%～60% 为温饱,40%～50% 为小康,30%～40% 为相对富裕,20%～30% 为富裕,20% 以下为极其富裕。

要求:输入一个国家的人均食物支出金额和人均总支出金额,判断该国的生活水平。

分析:可使用 if 多分支语句实现,根据公式计算恩格尔系数 N,依据 N 的值显示不同的生活水平。

(3) 学校超市开学打折了,特推出一系列优惠活动:

- 普通顾客购物满 100 元打 9 折;
- 会员购物打 8 折,会员购物满 200 元打 7.5 折。

要求:设计一个简易支付程序,可实现通过输入用户是否为会员及购物金额来计算用户实际应支付的金额。

分析:可使用嵌套 if 语句实现。外层 if 语句判断用户是否为会员,内层 if 语句判断用户输入的金额是否达到打折要求。

(4) 饭堂为优惠新生,特推出特价菜系列,具体时间和菜名如表 3-4 所示。

表 3-4　每周特价菜

时　间	菜　名	时　间	菜　名
周一、周二	酸菜鱼	周五	回锅肉
周三、周四	红烧大虾	周六、周日	白切鸡

要求：请根据用户输入的数字 1~7（表示周一到周日），显示当前的特价菜名。

分析：可使用贯通型 switch 语句。

3.6.3　进阶探究

（1）求三角形的周长和面积。

要求：输入三角形的三条边 a、b、c 的值，设计一个计算并打印它们的周长和面积的程序。

分析：如果输入的三条边 a、b、c 的值不能构成三角形，计算三角形的周长和面积就会出错，因此需要先进行判断，如果不构成三角形，则输出错误信息，否则就计算并打印三角形的周长和面积。

三角形的面积公式如下：

$$p = \frac{a+b+c}{2} \qquad s = \sqrt{p(p-a)(p-b)(p-c)}$$

（2）随着电子商务和快递业务的发展，快递服务在现实生活中发挥着越来越大的作用。某快递点价格如表 3-5 所示。现要求设计一个简易的快递运费计算器程序，可实现通过输入包裹重量、目的地区域代码来计算运费。

表 3-5　某快递点价格

目的地省份、城市	区域代码	一千克内首重/(元/千克)	续重/(元/千克)
广东	1	10	6
浙江、江苏、上海、北京	2	12	8
其他地区	3	15	10

思政驿站

从代码到社会：以垃圾分类为例深入理解选择结构

在编程实践中，代码的可读性和逻辑需求是两个至关重要的考量因素。if...else if... else 语句和 switch 语句都是常用的多条件分支结构，在实际开发中选择哪种结构，应该根据具体的逻辑需求、条件值的数量与类型、可读性、性能考虑，以及代码风格与规范来综合考虑。下面，我们以垃圾分类（图 3-22）为例，描述 if... else if... else 语句和 switch 语句在实际应用中的区别。

在垃圾分类的复杂场景中，垃圾的种类繁多，每种垃圾都有其特定的处理方式。这时，if...else if...else 语句的灵活性就显得尤为重要。通过一系列的条件判断，我们

图 3-22　垃圾分类

可以根据垃圾的种类给出相应的处理建议。

```java
String trashType = "厨余垃圾"; // 假设这是居民投放的垃圾类型
if (trashType.equals("可回收物")) {
    System.out.println("请将可回收物投放至蓝色垃圾桶.");
} else if (trashType.equals("厨余垃圾")) {
    System.out.println("请将厨余垃圾投放至绿色垃圾桶.");
    // 可以添加额外的处理逻辑,如厨余垃圾的破碎或发酵
} else if (trashType.equals("有害垃圾")) {
    System.out.println("请将有害垃圾投放至红色垃圾桶,并确保密封处理.");
} else if (trashType.equals("其他垃圾")) {
    System.out.println("请将其他垃圾投放至灰色垃圾桶.");
} else {
    System.out.println("无法识别的垃圾类型,请检查后再投放.");
}
```

if...else if...else 语句的优势在于能够方便地处理多种可能性,并且可以在某一条件块中添加额外的逻辑。它的结构清晰,易于扩展,能够很好地适应垃圾分类多变且复杂的场景。

然而,在处理固定、有限的选项时,switch 语句具有简洁明了的特点。如果我们只关注四种基本的垃圾类型,并且不区分分类结果,可以使用 switch 语句来简化代码结构。

```java
enum GarbageType {
    RECYCLABLE, KITCHEN_WASTE, HAZARDOUS, OTHER
}
GarbageType trashType = GarbageType.KITCHEN_WASTE; // 假设这是居民投放的垃圾类型
switch (trashType) {
    case RECYCLABLE:
        System.out.println("请将可回收物投放至蓝色垃圾桶.");
        break;
    case KITCHEN_WASTE:
        System.out.println("请将厨余垃圾投放至绿色垃圾桶.");
        // 注意:这里无法直接添加额外的处理逻辑
        break;
    case HAZARDOUS:
        System.out.println("请将有害垃圾投放至红色垃圾桶,并确保密封处理.");
        break;
    case OTHER:
        System.out.println("请将其他垃圾投放至灰色垃圾桶.");
        break;
    default:
        System.out.println("无法识别的垃圾类型,请检查后再投放.");
}
```

这个 switch 语句示例结构简洁,但在处理每种垃圾类型时,无法直接添加额外的逻辑(如厨余垃圾的破碎或发酵)。此外,switch 语句的 case 标签必须是常量表达式(在 Java 中通常是枚举常量或字面量),这限制了其应用的灵活性。

if...else if...else 语句以其灵活性和可扩展性在处理复杂多变的场景时具有优势,而 switch 语句以其简洁明了的特点在处理固定有限的选项时表现出色。在编程实践中,我们应该根据具体的应用场景和需求来选择合适的控制流语句,编写出更加清晰、高效和易于维护的代码。

项目小结

本项目主要讲解了 Java 的条件语句,包括单分支 if 语句、双分支 if 语句、多分支 if 语句,以及 switch 语句和条件语句的嵌套,并提供了三部分个性化的计算器功能的代码实现。同时穿插介绍了 Math 类各个函数的使用技巧,以及模块化程序设计的初步知识。

项目评价

自主学习评价表

你学会了					
	好		中		差
	5	4	3	2	1
条件结构的概念	◎	◎	◎	◎	◎
条件结构流程图的画法	◎	◎	◎	◎	◎
三种 if 条件语句	◎	◎	◎	◎	◎
嵌套分支语句	◎	◎	◎	◎	◎
switch 多分支语句	◎	◎	◎	◎	◎
你认为					
	总是		一般		从未
	5	4	3	2	1
对你的能力的挑战	◎	◎	◎	◎	◎
你在本项目中为成功所付出的努力	◎	◎	◎	◎	◎
你投入(做作业、上课等)的程度	◎	◎	◎	◎	◎
你在学习过程中碰到了怎样的难题?是如何解决的?					
你在日常生活中有哪些问题或者想法能用所学知识实现?试举例说明。					
看完思政驿站后,说说你的感悟。					

项目4　开发算术测试小软件

技能目标

- 了解循环结构的概念。
- 绘制循环结构流程图。
- 熟练掌握 while、do...while、for 循环语句。
- 理解 break 和 continue 语句的区别。
- 理解和掌握二重循环语句。
- 会根据不同场景选择合适的循环语句。
- 掌握 Random 类相关方法的使用。

知识图谱

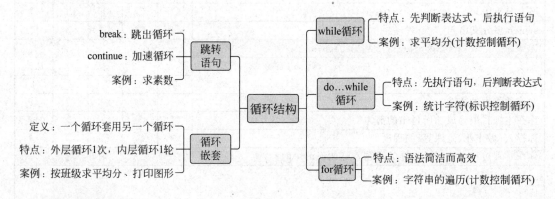

教学重难点

教学重点：

- while 循环语句的使用；
- do...while 循环语句的使用；
- for 循环语句的使用；
- break 和 continue 语句的区别。

教学难点：

- for 循环语句的使用；
- 二重循环语句的使用；
- 三重循环语句的转换。

4.1　项目任务

本项目的任务是编写一个简单的算术测试小软件，由 5 个子功能组成：系统登录、加法考试、减法考试、查看成绩和打印乘法口诀表，如图 4-1 所示。

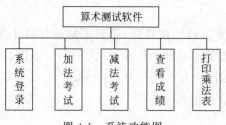

图 4-1　系统功能图

这 5 个子功能具体描述如下。

（1）系统登录：只有输入正确的姓名和密码才能进入下一步。

（2）加法考试：系统随机出题，用户完成加法考试。

（3）减法考试：系统随机出题，用户完成减法考试。

（4）查看成绩：用户可以查看答题情况，包括完成题数、正确率。

（5）打印乘法表：系统显示乘法口诀表供用户查看。

4.2　需求分析

该软件的 5 个功能中有一些是需要反复试探的，比如系统登录功能，需要判断用户的登录信息是否正确；有一些是需要逐条显示的，比如乘法口诀表，如图 4-2 所示。

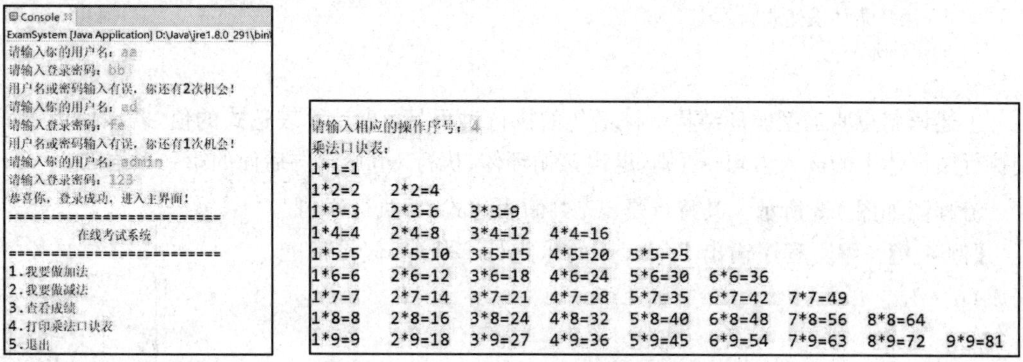

(a) 用户反复登录　　　　　　　　　　(b) 逐条显示乘法口诀

图 4-2　需要用到循环的场景

计算机最擅长做有规律的重复工作。在日常生活中，许多问题要用到循环控制，例如，求全班成绩的和、迭代求值等。几乎所有的程序都包含了循环结构。它和顺序结构、选择结构共同作为各种复杂程序的三种基本结构单元。

Java语言主要提供了三种形式的循环语句,即while、do...while和for循环。

4.3 技术储备

循环结构

4.3.1 循环结构

循环语句的作用是反复执行一段代码,直到满足循环终止条件。例如,学院开展为期30天的乐跑打卡活动,需要显示某同学连续30天的打卡情况,如果不用循环来实现,就得输出30次打卡信息,代码如下:

```
System.out.print("第 1 天打卡完成");
System.out.print("第 2 天打卡完成");
System.out.print("第 3 天打卡完成");
…
System.out.print("第 30 天打卡完成");
```

使用循环可以提高效率,将重复的内容简单化,它也是程序设计三大结构中最能发挥计算机特长的一种。循环结构具有以下特点:

(1)循环不是无休止地执行,当满足一定条件时循环才会继续,这个条件被称为循环条件,也叫控制条件;

(2)当循环条件不满足的时候,循环就结束了;

(3)循环结构中被反复执行的那些相同或类似的操作被称为循环操作,或者循环体。

根据循环条件,循环结构又可分如下几种:先判断循环条件后执行的当型循环结构(while和for循环),以及先执行后判断循环条件的直到型循环结构(do...while循环)。

4.3.2 while 循环

while 循环

while循环语法如下:

```
while(循环条件表达式){
    语句体
}
```

上述语句也叫当型循环结构。该语句的执行过程是:先计算表达式的值,若该值为true,则执行循环体中的嵌入语句;否则,退出该循环体,执行while结构后面的第一条语句。

流程图如图4-3所示。其特点是:先判断表达式,后执行语句。

【例 4-1】 编写程序输出1～30天的乐跑打卡状况(假设都能完成)。

```
int i = 1;
while (i <= 30) {
    System.out.println("第" + i + "天打卡完成");
    i++;
}
```

上述代码中的i也称循环变量,用来控制循环的进入和退出条件。i的初始值为1,当满足i<=30这个条件时,进入循环,执

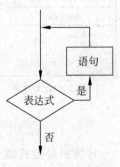

图 4-3　while 循环流程图

行代码。这里应注意,i 的值每执行 1 次都会增加 1(i++),这样当执行完第 30 次后,i 的值变为 31,已经不满足循环条件了,此时循环结束。

【例 4-2】 编写程序计算 1+2+…+100,然后输出结果。

```
int i = 1, sum = 0;
while (i <= 100) {
    sum = sum + i;
    i++;
}
System.out.println(sum);
```

该代码的流程图如图 4-4 所示。

这里需要注意以下三点。

(1) while 后面的括号()不能省略,括号内的表达式一般是关系表达式、逻辑表达式,表达式的值是循环控制的条件。

(2) 循环体可以由任何一种合法的语句组成,如果循环体中多于 1 条语句,需用大括号{}括起来。

(3) 在循环体中必须包括能改变循环条件表达式值的语句,以使循环结束。例如,如果上述代码写成如下形式,则程序永远无法退出循环体,因为 i 的值不会发生改变。

```
int i=1, sum = 0;
while (i <= 100){            //死循环
    sum = sum + i;
}
```

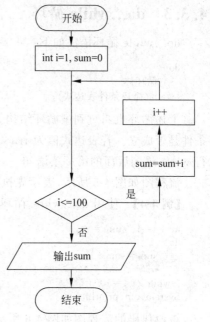

图 4-4 累加求和流程图

循环变量 i 并不总是自增 1。同学们请思考,如果要实现计算 1+…+100 的偶数和、奇数和,有哪些方法?

【例 4-3】 有 10 名学生进行了一次 Java 测验。输入这 10 名学生的 Java 成绩(0~100 的整数),求平均分。

解题步骤如下。

(1) 定义一个变量,存放每名学生的分数;

(2) 循环输入每名学生的分数;

(3) 计算 10 名学生的分数之和;

(4) 计算平均分;

(5) 输出结果。

班级平均分等于得分总和除以学生总数。使用计数器 i 来控制输入的人数,当 i 超过 10 就退出循环。这种通过循环次数控制循环执行的方式称为"计数控制循环",也称"有限次循环",因为循环次数在循环开始之前就已经知道了。

```
public static void main(String[] args) {
    Scanner input = new Scanner(System.in);
    int i=1;                    //学生人数为 1~10
    int score=0;                //分数
    int sum=0;                  //总分
    int avg=0;                  //平均分
```

```
while(i<=10) {
    System.out.print("请输入第"+i+"个成绩:");
    score=input.nextInt();        //获取用户输入
    sum=sum+score;                //累加求和
    i++;                          //人数+1
}

avg=sum/10;                       //平均分
System.out.print("该班的平均分为"+avg);
inputScanner.close();
}
```

4.3.3　do...while 循环

do...while 循环语法如下:

```
do{
    循环体
}while(循环条件表达式);
```

do...while 循环

上述循环也叫直到型循环结构。该语句的执行过程是:先执行循环体,然后判断循环条件是否成立。若表达式值为 true,则执行循环体中的嵌入语句;否则,退出该循环体,执行 while 语句后面的第一条语句。

流程图如图 4-5 所示,表示先执行语句,后判断表达式。

【例 4-4】　使用 do...while 循环求自然数 1～100 的和。

```
int i = 1, sum = 0;
do {
    sum=sum+i;
    i++;
} while (i<=100);
System.out.println(sum);
```

该段代码的流程图如图 4-6 所示。

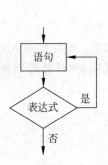

图 4-5　do...while 循环流程图

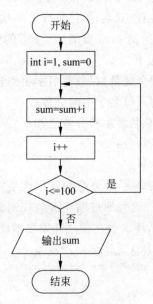

图 4-6　累加求和流程图

一般情况下,用 while 语句和 do-while 语句处理同一问题时,若两者的循环体部分是一样的,则结果也一样,如上面求和的例子。但两者之间也有重要的差别:while 语句是先判断后执行,而 do-while 语句是先执行后判断,所以 do-while 语句至少执行一次,而 while 语句可能一次都不执行。

例如:

```
int x = -1;                          int x = -1;
while (x==0){                        do{
    x = x * x;                           x = x * x;
}                                    }while (x ==0);
System.out.println(x);               System.out.println(x);
```

左边的代码结果为-1,因为循环一次都没有执行。而右边的代码结果为 1,因为 do 中的代码执行了一次,然后再退出循环体。此外,在书写时,while 语句后没有带分号,而 do-while 语句的 while 部分必须带有分号,表示 do 语句的结束。

【例 4-5】　循环获取给定值(整数),判断给定值的正数个数和负数个数(键盘输入的数值之间用空格分隔,最后输入的是一个 % 字符,当获取到这个字符时,跳出循环)。

输入效果如图 4-7 所示。

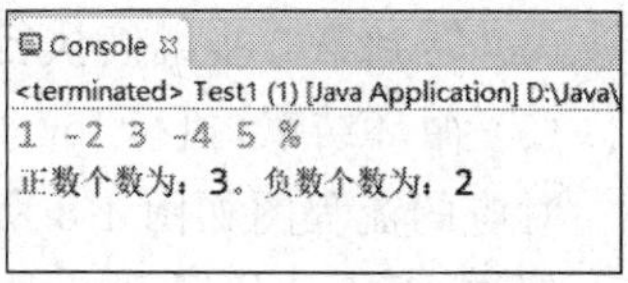

要解决这个问题,首先需要定义两个变量,分别用来存储正数和负数的个数,初值均为 0。使用 do…while 循环获取用户输入的数字,存入变量 x 中。通过判断 x 的正负来给相应的个数加 1。

什么时候停止循环呢? 这里可以使用 input.hasNext("%")判断用户是否输入了%,如果用户输入了%,则这个方法就会返回一个真值 true,否则返回假值 false。

图 4-7　运行结果 1

```
// 定义变量 positive,并赋初值 0,用于统计正数个数
int positive = 0;
// 定义变量 negative,并赋初值 0,用于统计负数个数
int negative = 0;
// 创建 Scanner 对象
Scanner input = new Scanner(System.in);
// 在 do 后的花括号中编写循环语句
do {
    // 第一步: 获取输入值
    int x = input.nextInt();
    // 第二步:判断输入值是否为正数,如果是,把正数个数变量 positive 加 1
    if (x > 0) {
        positive++;
    }
    // 第三步:判断输入值是否为负数,如果是,把负数个数变量 negative 加 1
    else if (x < 0) {
        negative++;
    }
// 第四步:在 while 后判断条件,当输入的下一个值为%时终止循环
} while (input.hasNext("%")==false);
// 第五步:输出正数和复数个数
System.out.println("正数个数如下:" + positive + "." + "负数个数如下:" + negative);
```

在这个案例中,无法知道 n 的值是多少时停止循环,因此不能使用记数来控制循环的结

束。解决的办法就是使用一个标记来指示循环的终止条件,这种循环也称为标记控制循环。

4.3.4 for 循环

for 循环

for 循环也叫"步长型"循环结构,这是各种循环中使用最为灵活的语句,不仅可以用于循环次数已经确定的情况,而且也可用于循环次数不确定而只给出循环终止条件的情况。它可以完全取代 while 循环。

for 循环语法如下:

```
for(表达式 1;表达式 2;表达式 3){
    循环体
}
```

该循环结构的执行过程如下。

(1) 先求解表达式 1。

(2) 求解表达式 2,若其值为 true,则执行 for 循环结构里面的循环体语句,然后执行第 3 步;若其值为 false,则结束循环,转到第 5 步。

(3) 求解表达式 3。

(4) 转到第 2 步继续执行。

(5) 循环结束,执行 for 循环结构后面的语句。

对应的流程图如图 4-8 所示。

例如,下面的代码可以求自然数 1~100 的和。

```
int sum = 0;
for (int i = 1; i <= 100; i++){
    sum = sum + i;
}
System.out.println(sum);
```

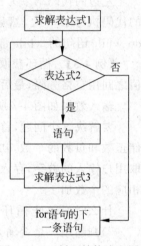

图 4-8 for 循环结构流程图

显然,用 for 循环结构实现求和更加简单。当 for 循环结构开始执行时,程序声明控制变量 i 并初始化为 1,下一步程序将测试循环继续的条件(i <= 100)。i 的初始值为 1,所以该条件为 true,因此执行了 sum = sum + i 语句。然后,程序执行 i++,为循环控制变量递增,程序重新开始对循环条件进行测试,此时控制变量 i 的值为 2。该值没有超过终值,程序再一次执行循环体。这个过程直到 i=101 为止。此时循环条件测试为 false,从而结束了循环。程序将继续执行 for 循环结构后面的第一条语句。

图 4-9 更详细地说明了该例中的 for 循环结构。

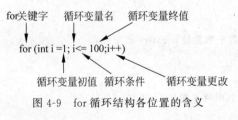

图 4-9 for 循环结构各位置的含义

注意循环条件是 i<=100。如果不小心写成了 i<100,则循环只执行了 99 次。这个常见的错误被称为边界错误。

此外,关于 for 循环的用法,还有以下几点需要说明。

(1) 表达式 1、表达式 2 和表达式 3 可以是任何类型的表达式。

(2) 表达式之间必须用分号分隔。表达式可以为空,但分号不能省略。

（3）表达式 1 通常用于初始化循环变量,表达式 3 用来改变循环变量的值。大多数情况下,for 循环结构都可以用一个等价的 while 循环结构代替,格式如下:

```
表达式 1;
while(表达式 2){
    循环体
    表达式 3;
}
```

（4）表达式 2 为空时,相当于表达式 2 的值为 true,因此下面的程序是死循环。

```
for (int a = 0; ; a++){
    System.out.println(a);
}
```

（5）循环体也可以是空语句,但不建议这么做。

```
for (a = 0; a < 10 ; a++)
    ;
```

在执行时,三个表达式的计算工作照样进行,但循环体什么都不做。当 a 值为 10 时,循环自动终止。

（6）可以将三个表达式全部省略,该循环同样是一个死循环。

```
for ( ; ; ){
    System.out.println("hello");
}
```

【例 4-6】 某班同学上体育课,从 1 开始报数,共有 53 人,老师要求报数时凡是 3 的倍数的同学向前一步走,试编程将这些同学的序号打印出来。

解题步骤如下。

（1）定义整型变量保存学生的报数。

（2）循环判断每个学生的报数是否是 3 的倍数,如果是,打印出来;否则,继续判断。

（3）结束循环。

```
for(int i=1;i<=53;i++) {
    if(i%3==0) {
        System.out.print(i+" ");
    }
}
```

拓展思考:如果要求按照 1、2、3 等数字重复报数,报数为 1 的同学向前走一步,报数为 2 的同学向后退一步,试分别将向前走一步和向后退一步的同学的序号打印出来。

【例 4-7】 编写程序,循环输入某同学第一学期考试的 5 门课成绩,并计算平均分。

思路分析:本题和例 4-3 非常相似,都是循环获取用户输入的值,进行累加后再求平均值。本题采用 for 循环结构实现。

```
Scanner inputScanner = new Scanner(System.in);
int classcount = 5;                                         //
课程的门数
String nameString;
double score = 0, sum = 0, aver = 0;
System.out.print("输入学生姓名:");
nameString = inputScanner.next();
for (int i = 1; i <= classcount; i++) {
```

95

```
System.out.print("请输入第" + i + "门课的成绩:");
score = inputScanner.nextDouble();
sum += score;
}
aver = sum / classcount;
System.out.print(nameString + "的平均分是:" + aver);
```

【例 4-8】 编写程序,当用户向控制台输入一个字符串后,系统
将该字符串逆序输出。效果如图 4-10 所示。

思路分析:字符串是由一个一个的字符组成的,第一个字符的
序号是 0,其他以此类推。如何获取一个字符串某个位置的字符呢?
这里可以使用字符串的 charAt()方法,语法如下:

图 4-10　运行结果 2

字符串变量.charAt(序号)

例如,下面的代码就是取出字符串"abcdefg"中序号为 3 的字符。

```
String str="abcdefg";
char chr=str.charAt(3);
System.out.println(str+"的第 3 个字符为"+chr);
```

上述代码的运行结果如下:

abcdefg 的第 3 个字符为 d

因此,若要逆序输出字符串,可以采用 for 循环的另一种形式,将 i 的初值设置成最大,
每次执行完循环语句后,i 的值递减,直到 i 的值达到最小结束循环。下面的代码片段可以
显示 9 到 0 的输出。

```
for(int i=9;i>=0;i--){
    System.out.print(i);
}
```

以此类推,字符串"abcdefg"的逆向输出代码可以写成:

```
String str="abcdefg";
for(int i=6;i>=0;i--){
    char c=str.charAt(i);
    System.out.print(c);
}
```

如果考虑到字符串的长度不确定,比如输入的字符串往往不是"abcdefg",此时如果把
字符串最大的序号写入代码中,如 i=6,就显得不够灵活。可以使用字符串的另外一种方法
获取该字符串的长度,语法如下:

字符串变量.length()

这样字符串最大的序号就等于字符串长度减去 1(序号从 0 开始)。i=6 这个循环初始
条件就可以改为 i=Str.length()-1,这样输入的任意一串字符都可以使用下面的最终代码
来实现逆序输出了。

```
Scanner input = new Scanner(System.in);
System.out.println("请输入字符串,以 Enter 键结束:");
String str=input.nextLine();
for(int i=str.length()-1;i>=0;i--){
    char c=str.charAt(i);
    System.out.print(c);
}
```

4.3.5　循环嵌套

现在大家已经了解了几种基本循环语句的执行过程,那么下面这个问题你能解决吗?

【例 4-9】　计算机三个新生班级举行程序设计大赛,每个班级有 4 名学生参赛。输入每名同学的成绩,计算每个班级参赛学生的平均分。

思路分析:参加比赛的有 3 个班级,那么应该循环 3 次来分别计算每个班的平均分,但是对于每个班级有 4 名学生参赛,需要通过循环来累加学生的总分。以前学习的一重循环已经不能解决这个问题了,需要使用二重循环。

二重循环是指一个循环的循环体中又完整地包含了另一个循环。内嵌的循环还可以继续嵌套循环,这就是多重循环。三种循环可以互相嵌套。图 4-11 显示了几种常见的二重循环形式。

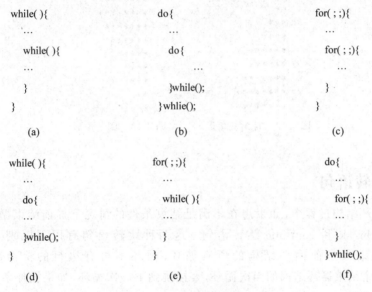

图 4-11　二重循环的常见组合

程序代码如下:

循环嵌套

```java
double sum = 0; // 总分
double average = 0; // 平均分
double score; // 输入的分数
Scanner inputScanner = new Scanner(System.in);
// 外层循环控制逐个计算每个班级
for (int i = 1; i <= 3; i++) {
    sum = 0; // 总分清 0,重新计算
    System.out.println("请输入第" + i + "个班级的成绩");
        // 内层循环计算每个班级的总分
        for (int j = 1; j <= 4; j++) {
            System.out.print("第" + j + "个学生的成绩:");
            score = inputScanner.nextDouble();
            sum = sum + score;
        }
    average = sum / 4; // 计算平均分
    System.out.println("第" + i + "个班级的平均分为" + average + "分");
}
```

外循环　内循环

【例 4-10】 使用 ﹡ 打印一个直角三角形,如图 4-12 所示。

```
for(int i=1;i<=9;i++){
    for(int j=1;j<=i;j++){
        System.out.print(" * ");
    }
    System.out.println();          //换行
}
```

分析:外层循环用于控制打印的行数,内层循环用于控制每一行打印的字符个数(列数)。当 i=1 时,打印第 1 行,内层循环执行 1 次,该行打印 1 个字符;当 i=2 时,打印第 2 行,内层循环执行 2 次,该行有 2 个字符;以此类推,当打印第 9 行时,该行有 9 个字符。

拓展思考:同学们还能打印如图 4-13 所示的倒三角形吗?

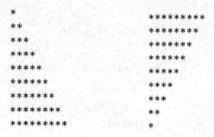

图 4-12　直角三角形　　　图 4-13　倒三角形

4.3.6　跳转语句

跳转语句

在执行循环结构过程中,如果想在不满足结束条件的情况下提前结束循环,可以使用 break 和 continue 跳转语句。这两种跳转语句有以下区别: break 语句是结束当前循环结构的所有循环,循环不再有执行的机会; continue 是用来结束循环结构的当次循环,直接跳到下一次循环,如果循环条件仍然满足,则会继续执行循环。

1. break 语句

在项目 3 中用 break 语句跳出 switch 结构,继续执行 switch 语句下面的一条语句。实际上,break 语句也可以用在循环结构中,强迫程序提前退出循环。

例如,若要实现乐跑打卡程序,在 30 天的打卡过程中,某同学第 5 天腿部受伤,要及时就医,停止后续的所有打卡,代码如下:

```
for (int i = 1; i <= 30; i++) {
    if (i == 5)
        break;
    System.out.println("乐跑打卡第" + i + "天");
}
```

在上面的语句中,for 循环本应执行 30 次,但由于 break 语句的存在,当 i=5 时,break 语句被执行,程序流程被迫跳出循环。因此,i 的值显示到 4 以后就不显示了。

使用 break 语句应注意以下两点。

(1) break 语句既可以出现在循环结构中,也可以出现在 switch 结构中,只能跳出当前所在的结构。

（2）当 break 语句用在嵌套循环中时，只能退出它所在的那一层循环。

图 4-14 显示了 break 语句的跳出机制。

```
for(…){                          for(…){
    switch(…){                       while(…){
        case 1:                          …
            …                            if(…){
            break; 退出switch                break; 退出while
        …}                               }
}                                    }
                                 }
```

图 4-14　break 语句的跳出机制

【例 4-11】　为援助生病学生，某学院在 1000 名同学中进行慈善捐款，当总数达到 5000 元时结束。统计此时捐款的人数，以及平均每人捐款的数目。

思路分析：对 1～1000 名同学循环获取捐款的金额，并进行累加操作。在每一名同学捐款后，对当前捐款总金额进行判断，如果超过（等于）5000 元就跳出循环。

```
Scanner input = new Scanner(System.in);
int i, total = 0, amount = 0, aver = 0;
for (i = 1; i <= 1000; i++) {
    System.out.print("请输入捐款金额:");
    amount = input.nextInt();
    total += amount;
    if (total >= 5000) {
        break;
    }
}
aver = total / i;
System.out.println("捐款人数如下:" + i + ",平均捐款额如下:" + aver);
```

【例 4-12】　输入一个正整数 n，判断这个数是否是素数（质数）。

思路分析：所谓素数，是指除了能被 1 和它本身整除以外，不能被其他整数整除的数。例如，11 只能被 1 和 11 整除，11 就是素数，而 12 除了能被 1、12 整除，还能被 2、3、4、6 整除，因此 12 不是素数。2 是最小的素数，也是唯一的偶数素数。判断 n 是否为素数的基本方法是判断 n 能否被 2～n−1 所有整数整除。如果都不能整除，就是素数，否则 n 就不是素数。

程序代码如下：

```
Scanner input = new Scanner(System.in);
System.out.println("请输入一个数:");
int n = input.nextInt();
boolean flag=true;                      //是否为素数的标识,默认为 true
if (n<=1){                              //1 和小于 1 的均不为素数
    System.out.println("不是素数");
    return;                            //直接返回,不执行后面的操作
}
for (int i = 2; i < n; i++) {          //从 2 到 n−1 依次做除数,判断是否能整除
    //能整除,则不为素数,跳出循环
    if (n % i == 0){
```

```
            flag=false;
            break;                              //跳出循环
        }
    }
    if (flag)                                   //判断flag的值,true为素数,false不为素数
        System.out.println("是素数");
    else
        System.out.println("不是素数");
```

其实,可以对素数的定义进行进一步的分析。要判断数 n 是否为素数,除数不需要从 2 到 $n-1$ 全部算一遍才能确认,而只需要除到 $\sqrt{n}$ 就可以了。这是因为,如果 n 能被其中某一个数整除,则 $n=a \times b$,那么 a 和 b 之中必然有一个大于或等于 $\sqrt{n}$,另一个小于或等于 $\sqrt{n}$。例如:$24=3 \times 8$ 或 $24=4 \times 6$,其中因子 3、4 小于 $\sqrt{n}$,而 8、6 大于 $\sqrt{n}$。因此,如果 n 能被分解为两个因子相乘,其中必有一个因子小于或等于 $\sqrt{n}$,故只需将 n 依次被 $2 \sim \sqrt{n}$ 的各整数去除即可。

改进后的代码如下:

```
…
for (int i = 2; i*i <= n; i++) {                //从2到√n依次作除数,判断是否能被n整除
    //能整除,不为素数,跳出循环
    if (n % i == 0){
        flag=false;
        break;
    }
}
…
```

改进后的程序中,在 for 循环中以 i 和 $\sqrt{n}$ 值进行比较,就可以显著地减少循环的次数,提高验证的效率。

拓展思考:上面的例子是判断某个数是否是素数。如果给定一个范围,比如 $1 \sim 100$,能否编写代码输出所有的素数呢?

提示:需要用到二重循环,外层循环从 $1 \sim 100$ 依次扫描所有的数 n,内层循环用于判断素数。可使用循环嵌套实现。

2. continue 语句

continue 语句的作用是跳过循环体中剩余的语句而强制进入下一次循环。continue 语句只能出现在循环结构中,常与 if 语句一起使用,当条件成立时跳出当次循环,执行下一次循环。

例如,在乐跑打卡过程中,某同学第 3 天感冒了需要休息,当天打卡暂停,第二天继续打卡。

```
for (int i = 1; i <= 30; i++) {
    if (i == 3)
        continue;
    System.out.println("乐跑打卡第" + i + "天");
}
```

在上面的语句中,当 i=3 时,continue 语句被执行,程序流程将跳过 System.out.println 语句,直接进入 for 里面执行 i++,并进入下一轮循环。因此,i 的值被显示到 2 以后就跳过 3 直接显示 4 了。

【例 4-13】　计算机学院举行 Java 团队挑战赛,有若干个团队参加。循环录入各个团队的比赛成绩,统计分数大于或等于 80 分的团队比例,团队个数由系统输入。

解题步骤如下。

(1) 首先定义三个变量,count 表示团队个数,count80 表示 80 分以上的团队个数,score 存放每个团队的成绩。

(2) 从控制台获取团队个数,放入变量 count 中。

(3) 依次对每个团队录入的分数进行判断,如果小于 80,跳出本次循环,执行下一次循环,此时 count80++语句将不会执行,也就是说,小于 80 分的团队个数将不会被统计。

(4) 最后计算团队比例即可。

代码如下:

```
Scanner inputScanner = new Scanner(System.in);
int count = 0, count80 = 0, score = 0;
System.out.print("请输入参赛团队个数:");
count = inputScanner.nextInt();
for (int i = 1; i <= count; i++) {
    System.out.print("请输入第" + i + "个团队的成绩:");
    score = inputScanner.nextInt();
    if (score < 80) {
        continue;
    }
    count80++;
}
double rate = (count80 / (double) count) * 100;
System.out.println("80 分以上的团队个数是:" + count80);
System.out.println("80 分以上团队所占的比例是:" + rate + "%");
```

4.4　解决问题

4.4.1　任务 1:猜数字小游戏

1. 任务效果

马上到元旦了,社团准备举行一年一度的联欢活动。刘星准备设计一款猜数字小游戏,准备在现场活跃气氛。快和刘星一起完成这个任务吧! 游戏界面如图 4-15 所示。

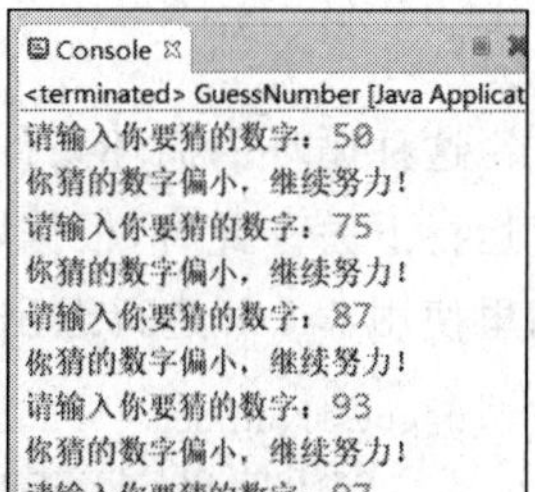

2. 任务分析

此游戏的逻辑是:首先随机准备一个 1~100 的整数,然后让用户来猜测这个数是几,用户可以通过控制台随意输入 1~100 的数字,当用户输入的数字偏大,则显示信息"猜大了",提示用户继续输入数字;当用户输入的数字偏小,则显示信息"猜小了",提示用户继续输入数字;当用户输入的数字和程序准备的数字相符,则提示"恭喜你,猜对了"。同时显示猜数用到的次数。

图 4-15　猜数字游戏运行界面

项目完成思路如下。

(1) 随机产生 1～100 的整数并保存到变量中。

(2) 在控制台输入 1～100 的数字和产生的随机数进行匹配,如果匹配不成功则使用循环结构多次输入和多次判断,直到输入的数字和系统产生的数字相同则退出循环。

(3) 定义一个猜数字的计数器 counter,并且清 0,每次输入一个数字,该变量加 1,直到循环退出。

3. 代码实现

(1) 在 Java 项目中添加一个类 GuessNumber,同时将主函数 main 添加到该类中。

(2) 在主函数中输入如下代码。

```java
public static void main(String[] args) {
    Scanner input=new Scanner(System.in);
    int counter=0;                                    //计数器,记录猜测次数
    int guessNumber=0;                                //系统产生的数
    guessNumber=(int)(Math.random() * 100)+1;         //产生随机数
    int number=0;                                     //用户输入的数
    while(true){
        System.out.print("请输入你要猜的数字:");
        number=input.nextInt();
        counter++;                                    //计数器加1
        if(guessNumber==number){
            System.out.println("恭喜你,猜对了!");
            break;                                    //跳出死循环
        }
        else if(guessNumber>number){
            System.out.println("你猜的数字偏小,继续努力!");
        }
        else{
            System.out.println("你猜的数字偏大,继续努力!");
        }
    }
    System.out.println("你总共猜了"+counter+"次");
}
```

4. 代码详解

在上面的代码中,使用了死循环的一种表现形式:

```java
while(true){
    …
}
```

这种循环的循环条件总是 true,因此,如果不在循环中使用 break 语句跳出,程序将一直运行下去。此时,根据题意可知,当猜对数字后游戏就结束了,因此,在判断用户猜对的语句里使用 break 进行退出。

```java
if(guessNumber==number){
    System.out.println("恭喜你,猜对了!");
    break; //跳出死循环
}
```

此外,还学到了如何产生 1～100 的随机数,方法是使用 Math.random()。该方法生成一个(0,1)的随机小数,因此必须乘以 100,使得其范围为(0,100)的随机浮点数。因题目要求为整数,所以用 int 进行强制转换,生成[0,99]的随机整数。又因为题目要求的数字区间

为[1,100]，最后再在该式上加 1。

guessNumber=(int)(Math.random() * 100)+1;　　//产生随机数

4.4.2　任务2：带登录功能的菜单设计

1. 任务效果

有一天，同宿舍的张浩拿着自己设计的计算器项目找到刘星，想让刘星给它添加一个登录功能，这样就可以防止无关的人使用计算器，也可以跟踪用户的相关信息。他们一起研究了相关的登录页面，发现只需要通过验证用户名和密码是否匹配就可以实现登录功能。同时，还规定了登录的尝试次数，如果超过 3 次还没有输入正确密码，则自动退出程序。

效果如图 4-16 和图 4-17 所示。

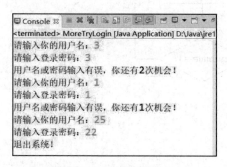

图 4-16　登录失败效果

图 4-17　登录成功效果

2. 任务分析

登录的流程是：在每次的尝试登录中分别获取用户输入的用户名和密码，与系统默认的用户名和密码进行匹配，当匹配成功，则显示"登录成功"信息，并进入主界面；当匹配失败，则显示"信息输入有误"，同时提示用户还剩几次机会。接着重新要求用户输入相关用户名和密码，直到用完全部 3 次机会。当用户第三次登录失败时，系统显示"登录失败"信息，并退出。

项目完成思路如下。

(1) 定义一个登录尝试的次数，默认初值为 0 存到变量中。

(2) 在控制台输入用户名和密码，然后与系统的用户名和密码进行匹配，如果匹配成功，则退出循环，进入主菜单；如果匹配不成功，则将尝试次数加 1，同时判断是否到达 3，如果到达 3 也退出循环，结束程序；否则输出用户名和密码有误的信息和尝试次数，并重新提示用户输入正确的登录信息。

系统流程图如图 4-18 所示。

3. 代码实现

(1) 在 Java 项目中添加一个类 Login，同时将主函数 main 添加到类中。

(2) 在主函数中输入如下代码。

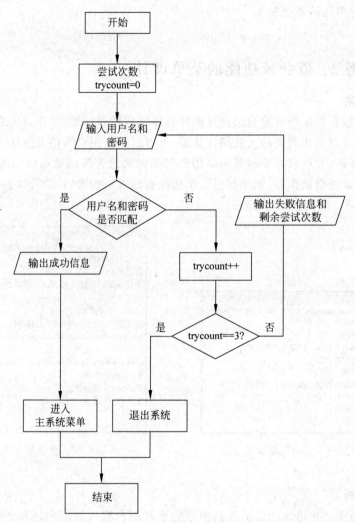

图 4-18　系统流程图

```java
public static void main(String[] args) {
    Scanner input = new Scanner(System.in);
    int trycount = 0;                              //尝试次数
    do {
        System.out.print("请输入你的用户名:");
        String user = input.next();
        System.out.print("请输入登录密码:");
        String pwd = input.next();
        if (user.equals("admin") && pwd.equals("123")) {
            System.out.println("恭喜你,登录成功,进入主界面!");
            break;                              // 退出该循环
        } else {
            trycount++;
            if (trycount == 3) {
                System.out.println("退出系统!");
                return;                          //退出整个程序
            }
```

```
        System.out.println("用户名或密码输入有误,你还有" + (3 - trycount) + "次
机会!");
            }
        } while (trycount != 3);
        System.out.println("=======================");
        System.out.println("\t 超级计算器");
        System.out.println("=======================");
        System.out.println("1.个税计算器");
        System.out.println("2.体重指数计算器");
        System.out.println("3.学分计算器");
        System.out.println("4.退出");
}
```

4. 代码详解

在上面的代码中出现了两种退出循环的代码,下面说明一下它们的区别。

(1) break 语句用于退出当前循环,进入下一条语句。

(2) return 语句用于退出整个程序。

当用户已经使用完 3 次机会后,系统使用 return 语句退出了整个程序。此处不能使用 break 语句,否则整个程序的登录页面仍然会显示出来。

4.4.3　任务 3: 打印九九乘法表

1. 任务效果

乘法口诀(也叫"九九歌")在我国很早就已产生。远在春秋战国时期,九九歌就已经广泛地被人们使用。在当时的许多著作中,已经引用部分乘法口诀。最初的九九歌是从"九九八十一"起到"二二得四"止,共 36 句口诀,"九九"之名就是取口诀开头的两个字。公元 5~10 世纪,"九九"口诀扩充到"一一得一"。大约在宋朝,九九歌的顺序才变成和现代用的一样,即从"一一得一"起到"九九八十一"止。

作为从小就背诵九九乘法表的小朋友,刘星准备编写代码来打印九九乘法表,你说他能做到吗?

九九乘法口诀表程序运行结果如图 4-19 所示。

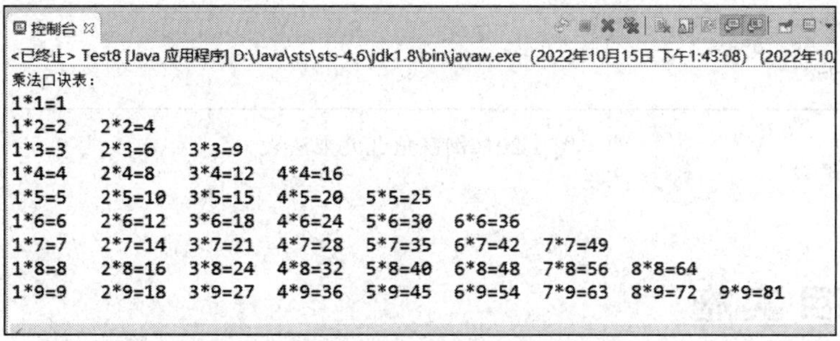

图 4-19　九九乘法口诀表程序运行结果

2. 任务分析

例 4-10 打印过一个直角三角形的形状,外层循环用于控制打印的行数,内层循环用于控制每一行打印的字符个数(列数)。

在实现乘法口诀表时,仍然可用使用循环嵌套来实现。当i=1时,打印第1行,内层循环执行1次,该行打印1个算式;当i=2时,打印第2行,内层循环执行2次,该行有2个算式;以此类推,当打印第9行时,该行有9个算式。

3. 代码实现

(1) 在 Java 项目中添加一个类 ChengFa,同时将主函数 main 添加到类中。

(2) 在主函数中输入如下代码。

```java
public static void main(String[] args) {
    System.out.println("乘法口诀表:");
    //外层循环
    for(int i=1;i<=9;i++) {
        //内层循环
        for(int j=1;j<=i;j++) {
            System.out.print(j+" * "+i+" = "+j*i+"\t");
        }
        System.out.println();
    }
}
```

4. 代码详解

本例涉及多行输出的问题。乘法表共有9行,可用循环变量 i 来记录行数(第1~9行)。第1行有一个乘法算式,第2行有两个乘法算式,第 i 行便有 i 个乘法算式。

对于确定的第 i 行,如何输出这 i 个算式呢? 这又是一个重复处理的问题,可以使用内循环来解决。内循环变量设为 j,j 的变化从1到 i。该程序巧妙的地方是,循环变量 i、j 正好是每个乘法算式的被乘数和乘数。

拓展思考:同学们也可尝试打印一个倒三角的九九乘法表(图 4-20),尝试一下吧!

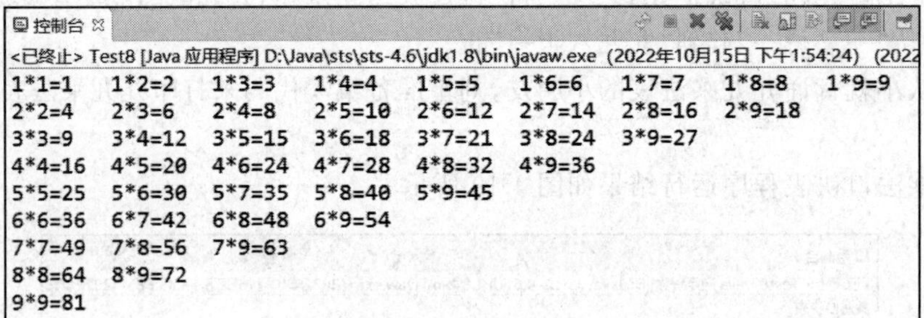

图 4-20　倒三角九九乘法表

4.5　项目实施

4.5.1　任务需求

开发算术测试软件

在前面的任务中,大家分别完成了三个小任务:猜数字游戏、带登录功能的菜单以及打印九九乘法表。在本次综合项目中,将在这三个任务的基础上实现一个综合项目,即"算术测试小软件",项目的运行结果如图 4-21 所示。

```
□ Console ☒                                                       ■ ✖ ✖ │ ▣ ▣ ▣ ▣
<terminated> ExamSystem [Java Application] D:\Java\jre1.8.0_291\bin\javaw.exe (2022年10月15日 下午2:23:45)
请输入你的用户名：admin
请输入登录密码：123
恭喜你，登录成功，进入主界面！
==========================
            在线考试系统
==========================
1.我要做加法
2.我要做减法
3.查看成绩
4.打印乘法口诀表
5.退出

请输入相应的操作序号：1
1+0=1
恭喜你答对了！
请输入相应的操作序号：2
0-2=-2
恭喜你答对了！
请输入相应的操作序号：1
8+3=10
答错了，继续努力！
请输入相应的操作序号：3
你已经回答了3题，正确率为66.66666666666666
请输入相应的操作序号：4
乘法口诀表：
1*1=1
1*2=2    2*2=4
1*3=3    2*3=6    3*3=9
1*4=4    2*4=8    3*4=12   4*4=16
1*5=5    2*5=10   3*5=15   4*5=20   5*5=25
1*6=6    2*6=12   3*6=18   4*6=24   5*6=30   6*6=36
1*7=7    2*7=14   3*7=21   4*7=28   5*7=35   6*7=42   7*7=49
1*8=8    2*8=16   3*8=24   4*8=32   5*8=40   6*8=48   7*8=56   8*8=64
1*9=9    2*9=18   3*9=27   4*9=36   5*9=45   6*9=54   7*9=63   8*9=72   9*9=81
请输入相应的操作序号：5
谢谢你的使用！
```

图 4-21　运行结果 3

4.5.2　关键步骤

（1）在 Eclipse 中新建一个项目 ExamSystem，选择 File→New→Class 命令，输入 Java 类名 Exam，选中主函数 main 选项，再单击 Finish 按钮，完成类 Exam 的创建。

（2）在 Exam 类的主函数 main 中添加如下代码，完成主程序登录和菜单的创建。

```java
public static void main(String[] args) {          //此段代码自动生成,不用添加
    Scanner input = new Scanner(System.in);
    int trycount=0;
    do
    {
        System.out.print("请输入你的用户名:");
        String user = input.next();
        System.out.print("请输入登录密码:");
        String pwd = input.next();
        if (user.equals("admin") && pwd.equals("123")) {
            System.out.println("恭喜你,登录成功,进入主界面!");
            break;                              // 退出该循环
        }
```

```
        else{
            trycount++;
            if(trycount==3){
                System.out.println("退出系统!");
                return;
            }
            System.out.println("用户名或密码输入有误,你还有"+(3-trycount)+"次机会!");
        }
    }while(trycount!=3);
    System.out.println("=======================");
    System.out.println("\t在线考试系统");
    System.out.println("=======================");
    System.out.println("1.我要做加法");
    System.out.println("2.我要做减法");
    System.out.println("3.查看成绩");
    System.out.println("4.打印乘法口诀表");
    System.out.println("5.退出");
    System.out.println();
    ...//步骤3的代码
}///此段代码自动生成,不用添加
```

(3) 接下来完成程序的主体结构代码。此处为一个 do…while 结构,通过用户的输入值判断执行哪个功能。循环的终止条件为用户输入了 5,此时循环结束。

```
int choice = 0;                      //存放用户选择的操作序号
int wrongcount = 0, rightcount = 0;   //错误题数和正确题数,初值为0
int a, b, res;                        //a、b为加减法的两个操作数,res存放结果

do {
    System.out.print("请输入相应的操作序号:");
    choice = input.nextInt();
    switch (choice) {
        case 1:
            //功能1:执行加法操作
            break;
        case 2:
            //功能2:执行减法操作
            break;
        case 3:
            //功能3:统计答题总数和正确率
            break;
        case 4:
            //功能4:打印乘法口诀表
            break;
        case 5:
            System.out.println("谢谢你的使用!");
            System.exit(0);
            break;
        default:
            System.out.println("选择无效!");
            break;
    }
} while (choice != 5);
```

(4) 功能 1 的实现。此处的代码填入步骤 3 对应的功能 1 部分。

```
a = (int)(Math.random() * 10);
```

```
b = (int)(Math. random() * 10);
System. out. print(a + "+" + b + "=");
res = input. nextInt();
if (res == a + b) {
    System. out. println("恭喜你答对了!");
    rightcount++;
} else {
    System. out. println("答错了,继续努力!");
    wrongcount++;
}
```

（5）功能 2 的实现。此处的代码填入步骤 3 对应的功能 2 部分。

```
a = (int)(Math. random() * 10);
b = (int)(Math. random() * 10);
System. out. print(a + "−" + b + "=");
res = input. nextInt();
if (res == a − b) {
    System. out. println("恭喜你答对了!");
    rightcount++;
} else {
    System. out. println("答错了,继续努力!");
    wrongcount++;
}
```

（6）功能 3 的实现。此处的代码填入步骤 3 对应的功能 3 部分。

```
int count = rightcount + wrongcount;
if (count == 0) {
    System. out. println("你还没有回答问题!");
} else {
    double rate = (rightcount / (double) count) * 100;
    System. out. println("你已经回答了" + count + "题,正确率为" + rate);
}
```

（7）功能 4 的实现。此处的代码填入步骤 3 对应的功能 4 部分。

```
System. out. println("乘法口诀表:");
// 外层循环
for (int i = 1; i <= 9; i++) {
    // 内层循环
    for (int j = 1; j <= i; j++) {
        System. out. print(j + " * " + i + "=" + j * i + "\t");
    }
    System. out. println();
}
```

（8）保存并运行代码。查看运行结果。

4.6　强化训练

4.6.1　语法自测

扫码完成语法自测题。

自测题.docx

4.6.2　上机强化

(1) 1～100 不能被 3 整除的数之和是多少？要求使用 break 和 continue 两种方法实现。

(2) 1～10 的十个数字进行累加,如何得到累加值大于 20 的当前数？

分析：使用循环进行累加,从 1～10,判断累加值是否大于 20,如果大于 20,则跳出循环,并打印当前值。

(3) 一个球从 100 米高度自由下落,每次落地后反跳回原来高度的一半,再落下。求它在第 10 次落地时,共经过多少米？落地 10 次后反弹的高度是多少？

分析：用 s 表示小球经过的距离,第一次落地时,$s=100$;x 表示小球落地后反弹的高度,第一次落地时,$x=50$;用公式 $s=s+2x$ 和 $x=x/2$ 分别计算其后各次小球落地时经过的距离和反弹的高度,直到第 10 次为止。

(4) "水仙花数"是指一个三位数,其各位数字的立方和等于该数本身。例如,153 是一个水仙花数,因为 $153=1^3+5^3+3^3$。输出所有的"水仙花数"。

分析：由于要判定的数据的范围是 100～999 的 3 位数,因此循环变量的变化范围是 100～999,对于每个 3 位数,均要取出个十百位上的数字,然后根据公式判断是否满足"水仙花数"并进行输出。

拓展思考：除了"水仙花数",还有"四叶玫瑰数""五角星数"。比如 1634 就是一个"四叶玫瑰数",因为 $1634=1^3+6^3+3^3+4^3$,你能编程找出这些数吗？

4.6.3　进阶探究

(1) 编写程序打印出 1000 以内的所有素数。

(2) 调和级数第 n 项的形式为：$1+\dfrac{1}{2}+\dfrac{1}{3}+\cdots+\dfrac{1}{n}$,请分别写出代码完成下列要求：

- 求该调和级数从哪一项开始其值大于 10。

- 若要求该级数一直累加到 $\dfrac{1}{n}$ 不大于 0.00984 为止,输出循环次数和累加和。

(3) 一个数如果恰好等于它的因子之和(本数除外),这个数就称为完数。例如,数字 6 的因子为 1、2、3、6(本身除外),满足 $1+2+3=6$,所以这个数为完数。

要求：从控制台接收一个整数,判断该数是否是完数。如果是完数,则输出"x 是完数";如果不是完数,则输出"x 不是完数"。

分析：使用循环逐一判断 1～x−1 中的每个值是否能被 x 整除,如果能整除,则加到最终的和里,判断 x 是否与最终的和相等,相等则为完数,不相等则不为完数。

思政驿站

百钱买百鸡——体会算法之美

中国古代数学历史悠久,有很强的实用性,许多数学题来自生活实践,例如人们熟知的"鸡兔同笼"问题。而在所有这些题中,最值得一说的是南北朝时期数学书——《张丘建算经》的最后一题。此题即是世界数学史上著名的"百鸡问题"(图 4-22),其影响贯穿古今中外。

该问题叙述如下:鸡翁一,值钱五;鸡母一,值钱三;鸡雏三,值钱一;百钱买百鸡,则翁、母、雏各几何?

翻译过来的题目很简单:公鸡 5 文钱一只,母鸡 3 文钱一只,小鸡 3 只一文钱,用 100 文钱买一百只鸡,其中公鸡、母鸡、小鸡都必须有。问公鸡、母鸡、小鸡要买多少只刚好凑足 100 文钱。

假设公鸡为 a 只,母鸡为 b 只,小鸡为 c 只,可以使用循环法解决这类问题。

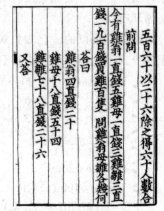

图 4-22　《张丘建算经》中的百鸡问题(宋刻本)

1. 三重循环解题

题目分析如下。

(1) 小鸡是 3 的倍数;

(2) 买公鸡、母鸡、小鸡的钱刚好为 100 元;

(3) 公鸡、母鸡、小鸡刚好为 100 只,进一步分析可知,公鸡最多为 20 只,母鸡为 33 只,小鸡为 100 只。

可以使用三重循环解决这个问题,代码实现如下:

```
//三重循环,暴力解题
for (int a = 1; a < 20; a++) {
    for (int b = 1; b < 33; b++) {
        for (int c = 1; c <= 100; c++) {
            if (c%3==0 && a + b + c == 100 && a * 5 + b * 3 + c / 3 == 100)
                System.out.printf("公鸡%d 只,母鸡%d 只,小鸡%d 只\n", a, b, c);
        }
    }
}
```

上述代码一共执行了 $20 \times 33 \times 100 = 66000$ 次循环。

2. 二重循环解题

我们已经用三重循环解出了题目,那可不可以少用一层循环呢? 答案是可以的。想一想,我们平时是怎么解决三元一次方程的呢? 就是先用两个变量来替换第三个变量的表达,然后进行二元一次方程的计算。同理,在算法里面,我们也可以这样对第三个变量进行替换,来减少时间复杂度。约束条件如下:

(1) 小鸡是 3 的倍数,且"小鸡数=100-公鸡数-母鸡数";

(2) 买公鸡、母鸡和小鸡的钱刚好为 100 元。

代码如下:

```
// 二重循环,第三个变量用其他两个变量替换,可以优化算法
for (int a = 1; a < 20; a++) {
    for (int b = 1; b < 33; b++) {
        if ((100 - a - b) % 3 == 0 && a * 5 + b * 3 + (100 - a - b) / 3 == 100)
            System.out.printf("公鸡%d 只,母鸡%d 只,小鸡%d 只\n", a, b, 100 - a - b);
    }
}
```

上述代码一共执行了 $20 \times 33 = 660$ 次循环。

3. 一重循环解题

问题简化到两重循环已经是最简单了吗?让我们来思考一下还有没有更快的解决方案。从第一种方案到第二种方案,我们为了更快,是从循环下手的。那还可不可以再少用一层循环呢?

答案是可以的。已知公鸡是 a,母鸡是 b,小鸡是 $100-a-b$,三种鸡的总价是 100 元,把这个式子化简看看可以得到什么结果。推导如下:

$$5a + 3b + (100 - a - b) / 3 = 100$$

$$5a + 3b + \frac{100}{3} - \frac{a}{3} - \frac{b}{3} = 100$$

$$\frac{14}{3}a + \frac{8}{3}b = \frac{200}{3}$$

$$14a + 8b = 200$$

$$7a + 4b = 100 \ (公式1)$$

$$b = (100 - 7a) / 4 \ (公式2)$$

发现了吗?母鸡数可以用公鸡数表示出来,这样又可以去掉一个循环!进一步分析可知:

(1) 小鸡是 3 的倍数,公鸡和母鸡的关系满足公式 1;

(2) 由公式 2 可知,公鸡最多不超过 14 只。

代码如下:

```
//一重循环,通过解方程找到 a 和 b 的关系,继续优化
for (int a = 1; a <= 14; a++) {
    int b = (100 - 7 * a) / 4;
    if ((100 - a - b) % 3 == 0 && 7 * a + 4 * b == 100)
        System.out.printf("公鸡%d 只,母鸡%d 只,小鸡%d 只\n", a, b, 100 - a - b);
}
```

上述代码一共执行了 14 次循环。

通过上述三种解法,我们可以看到算法优化的美妙之处。从最初的三重循环到二重循环,再到最后的一重循环,每一次的思考和优化都显著减少了计算量,提高了解题效率。这个过程正是算法之美的体现——用更少的资源做更多的事。

在未来的学习中,我们会遇到更多复杂的问题,但只要保持好奇心,不断探索,勇于创新,就能够发现问题的本质,设计出更高效、更优雅的算法。

项目小结

本项目主要讲解了 Java 的三种循环的语法和执行特点,以及使用这些循环解决常规的重复计算问题;接着讲解了循环嵌套和跳转语句的语法和案例,并使用这些语法完成了三

个典型的工作任务。最后通过一个综合项目,提升了学生使用循环解决问题的能力,并在此过程中领会到循环带来的算法之美,激发专业学习热情。

项目评价

自主学习评价表

你学会了	好	中			差
	5	4	3	2	1
循环结构的概念	◎	◎	◎	◎	◎
循环结构流程图的绘制	◎	◎	◎	◎	◎
while、do…while、for 三种循环语句	◎	◎	◎	◎	◎
break 和 continue 语句	◎	◎	◎	◎	◎
二重循环语句	◎	◎	◎	◎	◎
你认为	总是	一般			从未
	5	4	3	2	1
对你的能力的挑战	◎	◎	◎	◎	◎
你在本章中为成功所付出的努力	◎	◎	◎	◎	◎
你投入(做作业、上课等)的程度	◎	◎	◎	◎	◎

你在学习过程中碰到了怎样的难题?是如何解决的?

日常生活中有哪些问题或者想法能用所学知识实现?试举例说明。

看完思政驿站后,说说你的感悟。

项目 5 开发爱心宠物领养平台

技能目标

- 了解面向对象程序设计的概念。
- 理解对象和类的定义。
- 学会抽象思维，从现实生活中的对象抽象出来。
- 学会如何构建类，包括成员变量和成员方法。
- 掌握成员变量和成员方法的调用。
- 理解引用数据类型的内存结构和赋值。

知识图谱

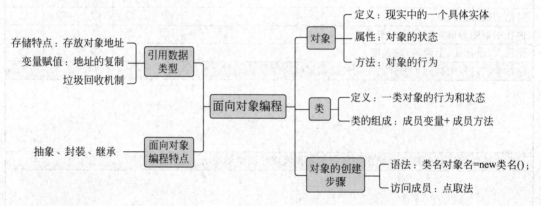

教学重难点

教学重点：

- 类和对象的定义；
- 类的实例化；
- 成员变量的创建和调用；
- 成员方法的创建和调用。

教学难点：

- 类的创建；
- 成员方法的调用；
- 引用类型变量的赋值。

5.1　项目任务

宠物一般是指家庭饲养的、作为伴侣动物的狗、猫、淡水观赏鱼、鸟、爬行动物等,具备缓解人类压力、不向人类主动提出诉求等特点,逐步得到大众的青睐。我国宠物获取以购买和收养为主,随着"领养代替购买"逐渐深入人心,近年来通过收养渠道获取宠物占比大幅提高。

请开发一个爱心宠物领养平台的程序,让每个热爱动物的人都能领养到自己心爱的宠物。进入该平台后,系统将显示待领养的宠物信息,用户通过输入宠物名称领养宠物,全部宠物领养完后可退出系统。

5.2　需求分析

本项目采用面向对象的编程技术实现。首先要从功能描述中找出名词,比如:宠物、动物、狗狗、猫咪、宠物名字、年龄、是否领养等;再通过生活经验保留"宠物"这个名词确定"宠物类"。在设计"宠物类"时,根据经验,宠物名字、品种、年龄等都是宠物的静态特征描述,确定类的属性;再根据宠物还可以显示当前信息等,确定类的方法。

具体操作过程如下:

(1)发现"宠物类";

(2)发现"宠物类"的静态特征——属性;

(3)发现"宠物类"的行为——方法。

5.3　技术储备

万事万物皆对象

5.3.1　万事万物皆对象

1. 对象

自然界存在着各种各样的对象,如河流、山川、月亮、花朵、小猫小狗等。对人们而言,所认识的东西,皆为 Java 中的"对象"(object)。例如,我们都喜欢读小说,那么在我们心中,每一本小说都是对象;而如果我们不认识火星文,那用火星文写的东西就不是我们心中的对象了。一旦认识某样东西,我们就能很快说出它的特点。对象的特点包括对象的特征、对象的行为。

例如,宠物的特征是有名字、品种、性别、年龄、特征、是否领养等,其行为是展示自身等(图 5-1)。汽车的特征是有发动机、轮子、排量大小,其行为是行驶、刹车、停车等。

2. 属性与方法(data and method)

软件中的对象是对自然界中对象的抽象表示,软件的设计目的就是为真实事物创建抽象模型。如果说自然界中对象都有特征和行为,那么软件领域里的对象则是由属性和方法

图 5-1　各种不同的宠物特征

组成的。属性表达自然界对象的特征,方法表达自然界对象的行为。

例如,毛主席的《沁园春 雪》一诗中,有一句"一代天骄,成吉思汗,只识弯弓射大雕",如果要设计对象描述这个过程,应有 3 个对象:成吉思汗、弓箭和雕。它们的属性和方法如图 5-2 所示。

图 5-2　对象的属性和方法

3. 面向对象的程序设计

面向对象的程序设计(object oriented programming,OOP)方法是目前主流的程序设计方法,它采用"现实建模"的方法设计、开发程序,实现了虚拟世界和现实世界的一致性,符合人们的思维习惯,同时具有代码重用性高、可靠性高等优点,大大提高了软件尤其是大型软件的开发效率。

传统的面向过程的程序直接由方法或子程序组成,数据和数据的操作是分离的。例如,"一代天骄,成吉思汗,只识弯弓射大雕"采用面向过程的实现方式,就是一只大雕从蓝天飞过→成吉思汗发现目标→拉动弓箭→弓箭被拉满→成吉思汗瞄准大雕→松开弓箭→弓箭向大雕飞去→大雕中箭,即从头到尾、自上而下地实现功能,如图 5-3 所示。

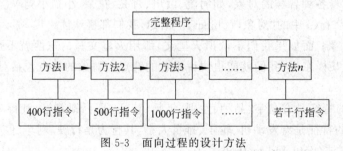

图 5-3　面向过程的设计方法

而程序如果采用面向对象实现,则首先分析这个过程需要哪些类:成吉思汗、弓箭和大雕。然后分析各类的行如下：大雕飞行和捕食，成吉思汗拉动弓箭和瞄准猎物，弓箭被拉满发射。最后利用设计好的类创建相应的对象，调用相应方法（行为）来实现全过程，如图 5-4所示。

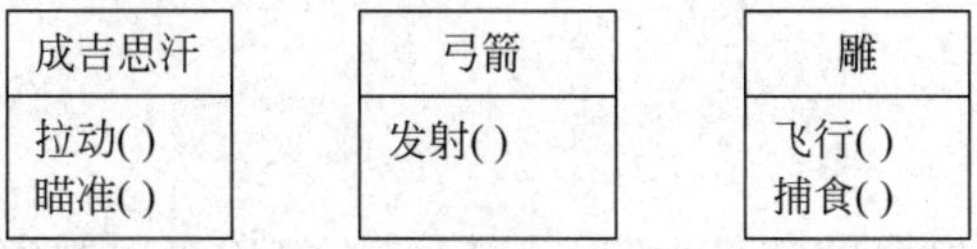

成吉思汗
拉动( )
瞄准( )

弓箭
发射( )

雕
飞行( )
捕食( )

图 5-4　面向对象的设计方法

5.3.2　类的创建

类（class）是一组具有相同特征和相同行为的对象的集合。类是对一系列具有相同性质的对象的抽象，是对对象共同特征的描述。比如学生是一个类，软件专业的张浩和大数据专业的叶芳都是对象；手机是一个类，iPhone 14 和华为 Mate 50 都是对象；宠物是一个类，我们身边具体的宠物猫"喵喵"就是对象（图 5-5）。类是抽象的概念，而对象是真实的个体。类和对象是抽象与具体的关系，也是共性与个性的关系。

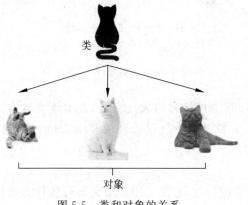

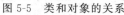

图 5-5　类和对象的关系

类的创建

要判断一个事物到底是类还是对象，我们常用 is a（是一个）来表达对象与类之间的关系。例如：

对象		类
比亚迪唐	is a	新能源汽车
小猫"喵喵"	is a	宠物
小狗"黑豹"	is a	宠物
华为 Mate	is a	手机
刘星	is a	学生

1. 类的定义

如果要描述小猫"喵喵"，而"喵喵"是一只宠物，就要定义一个名为 Pet 的类。

语法如下：

［访问修饰符］class 类名｛

```
//类的特征
//类的方法
}
```

例如:

```
public class Pet{
    ...
}
```

这里要注意,类名一般要首字母大写。访问修饰符用于限制类和类成员的访问范围,本书如果没有特别说明,默认都为 public 级别,表示类、方法和变量是最开放的访问级别,可以被任何其他的类访问。访问修饰符的相关知识将在后续项目中详细介绍。

2. 成员变量

根据常识可知,宠物类的特征主要有宠物名字、品种、年龄、性别等。我们把这种特征称为类的成员变量,成员变量的定义与普通变量一样,语法如下:

[访问修饰符] 数据类型 变量名 [=值];

因此,进一步修改上述的例子,添加 6 个成员变量。

```
public class Pet {
    public String kind;              //品种
    public String name;              //名字
    public boolean gender;           //性别,true 表示公,false 表示母
    public int age;                  //年龄
    public String desc;              //描述
    public boolean isAdopted;        //是否领养,true 表示是,false 表示否
}
```

这里定义了一个名为 Pet 的类,其中包括类的成员变量,表示该类具有品种(kind)、名字(name)、性别(gender)、年龄(age)、描述(desc)和是否领养(isAdopted)等特征。在类的构建中,成员变量也常常被称为字段。

3. 成员方法

在 Java 中,成员方法对应于对象的行为,它主要用来定义类可执行的操作,是包含一系列语句的代码块。

定义成员方法的语法格式如下:

```
[访问修饰符] [返回值类型] 方法名([参数类型 参数名]){
    //方法体
    return 返回值;
}
```

关于方法的说明如下。

(1) 返回值类型:必选,如果没有返回值,须写 void,方法只能返回一个值。

(2) 参数列表:可以是 0 个、1 个、多个,需要同时说明类型,称为形式参数。

(3) 方法体:完成具体功能。如果有返回值,必须有 return 语句;如果没有返回值,默认最后一条语句是 return,可以省略。

下面的方法就是一种既没有返回值,也没有参数形式的最简单方法。

```
public void print() {
    System.out.println("hello world!");
}
```

118

例如,定义一个 showInfo()方法,用来显示宠物相关信息,代码如下:

```java
public void showInfo(){
    System.out.println("===宠物小档案===");
    System.out.println("名字:"+name);
    System.out.println("种类:"+kind);
    System.out.println("性别:"+(gender?"公":"母"));
    System.out.println("年龄:"+age);
    System.out.println("描述:"+desc);
    System.out.println("是否领养:"+(isAdopted?"是":"否"));
    System.out.println("==============");
}
```

最终,Pet 类的代码如下:

```java
public class Pet {
    //成员变量
    public String kind;
    public String name;
    public boolean gender;
    public int age;
    public String desc;
    public boolean isAdopted;
    //成员方法
    public void showInfo(){
        System.out.println("===宠物小档案===");
        System.out.println("名字:"+name);
        System.out.println("种类:"+kind);
        System.out.println("性别:"+(gender?"公":"母"));
        System.out.println("年龄:"+age);
        System.out.println("描述:"+desc);
        System.out.println("是否领养:"+(isAdopted?"是":"否"));
        System.out.println("==============");
    }
}
```

5.3.3　对象创建

对象创建

类的目的是创建新的数据类型。为了描述自然界的万事万物,必须有各式各样的数据类型。而 Java 只提供几种有限的数据类型,如 int、String 等,要表现世上的万千事物实在不够。

在 Java 语言中,int、String、char 等被称为基本数据类型,而通过类创造出来的类型被称为抽象数据类型。由基本数据类型所声明的变量称为普通变量,由抽象数据类型所声明的变量称为对象变量(简称对象)。

1. 类的实例化

类的实例化过程就是通过类创建对象的过程。语法如下:

类名 对象名 = new 类名( );

或者

类名 对象名;
对象名 = new 类名( );

实例化类也就是创建一个对象变量,可以新建一个包含主函数的测试类(主类)

AdoptPet,在其中输入以下代码进行创建。

```
//测试用主类
public class AdoptPet{
    public static void main(String[] args) {
        Pet cat＝new Pet();          //创建一个宠物类的对象,名为 cat
    }
}
```

2. 对象成员的访问

声明对象并使用 new 关键字初始化后,可以用"."运算符访问成员变量和方法。

语法格式如下:

对象名.变量名

或

对象名.方法名( )

下面的代码中,cat.name 表示宠物的名称字段,该字段放在赋值语句的左边,也就是对 cat 的名字赋值为"汤姆",其他成员字段的赋值与此类似。

```
//测试用主类
public class AdoptPet {
    public static void main(String[] args) {
        //创建一个 Pet 对象,名为 cat
        Pet cat＝ new Pet();
        //对 cat 的成员进行赋值
        cat.kind ＝ "猫";
        cat.name ＝ "汤姆";
        cat.age ＝ 3;
        cat.gender ＝ true;
        cat.desc ＝ "喜欢爬上爬下,已打疫苗";
        cat.isAdopted ＝ false;
        //调用对象的 showInfo 方法
        cat.showInfo();
    }
}
```

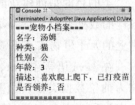

图 5-6　运行结果 1

对 cat 对象的成员变量进行赋值后,一只种类为"猫"、名字叫"汤姆"、3 岁大、雄性、未被领养的宠物对象就创建好了。这时调用 cat 对象的 showInfo()方法就可以显示这只宠物的电子档案,程序的运行结果如图 5-6 所示。

5.3.4　引用数据类型

1. 引用类型变量

在项目 2 中,我们学习了 Java 的基本数据类型,此外,Java 还支持引用数据类型,如图 5-7 所示。引用数据类型指向内存中的一个对象,它们是通过引用变量进行访问的。Java 的引用数据类型包括类、接口和数组。

Pet 类就是一个引用类型,它既包含了 kind、name 等字符串型的引用变量,也包含了 age 等整型变量。

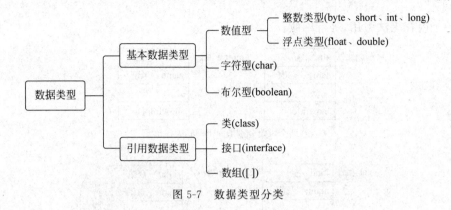

图 5-7　数据类型分类

下面的代码定义了一个引用变量 cat，它引用了一个 Pet 对象。

Pet cat＝new Pet();

图 5-8 显示了 Java 虚拟机为变量 cat 分配的内存。

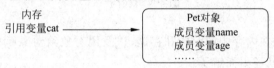

图 5-8　变量 cat 的内存分配

下面的代码通过变量 cat 来操纵该对象的 showInfo()方法，让宠物自我介绍。

cat.showInfo();

同学们在运行程序时，常常会遇到空指针异常（NullPointerExecption）。例如，下面的代码会导致空指针异常。

Pet mouse＝null;
mouse.showInfo();

当引用变量 mouse 没有引用任何 Pet 对象时，就无法通过变量 mouse 来访问 Pet 对象的 showInfo()方法。在这种情况下，Java 虚拟机执行 mouse.showInfo()方法时就会抛出空指针异常。

2. 对象赋值与垃圾回收

当使用一个引用类型变量对另一个引用变量进行赋值操作时，要注意是地址的赋值，而不是简单的值的复制。例如：

```
Pet cat＝ new Pet();
cat.kind ＝ "猫";
cat.name ＝ "汤姆";
Pet mouse＝ new Pet();
mouse.kind ＝ "仓鼠";
mouse.name ＝ "米奇";
...
//将 cat 对象的引用赋值给 mouse 对象
mouse＝ cat;
```

当执行 mouse＝cat 语句后，mouse 之前引用的内存单元就会成为无用的空间，需要 Java 用垃圾回收机制来回收，此时的内存状态如图 5-9 所示。此时变量指向同一个内存单元,另一个内存无法引用,等待回收。

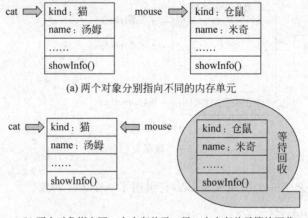

(a) 两个对象分别指向不同的内存单元

(b) 两个对象指向同一个内存单元,另一个内存单元等待回收

图 5-9　内存状态

　　总之,理解了对象在内存中的分配和存储,以及用对象给对象赋值后内存单元的变化,很多对象引用的问题就迎刃而解了。

小贴士 Java 包装类

　　我们已经知道,基本类型的变量仅仅表示数据,而引用类型变量所引用的对象不仅包含数据,还包括操纵数据的行为。那么,对于基本类型的数据,如何赋予它一些操纵数据的行为呢?

　　可以通过 Java 包装类来实现这种效果。包装类能把基本类型的数据包装成一个对象,从而拥有一些实用的方法。每种 Java 基本类型都有一个相应的包装类,参见表 5-1。

表 5-1　基本类型对应的包装类

基本类型	对应的包装类
boolean	Boolean
byte	Byte
char	Character
shor	Short
int	Integer
long	Long
float	Float
double	Double

　　包装类提供了一系列实用方法,比如 Double 类的 parseDouble()方法可以将字符串转为浮点数。

Double pi＝Double.parseDouble("3.14");

5.3.5　面向对象编程的优势

　　面向对象编程(object oriented programming,OOP)的主要优势主要体现在以下几点。

（1）一致性与思维习惯：面向对象编程与人类的思维方式相一致。它采用人类解决问题的视角,将思维过程转化为程序能够理解的形式。通过使用类来模拟现实世界中的抽象概念,以及使用对象来代表现实世界中的实体,面向对象编程使我们能够利用计算机解决现实世界的问题。

（2）封装性增强维护与安全：封装是面向对象设计的一个核心概念,它通过将类的属性和行为封装起来,实现了模块化和信息隐藏。这种做法确保了类的内部修改不会对其他对象造成影响,从而简化了维护工作。同时,封装还限制了对象外部对属性和方法的随意访问,防止了外部错误对对象造成的影响,增强了程序的安全性。

（3）增强代码重用性：面向对象编程提高了代码的重用性。一个类可以生成多个对象实例,并且可以在不同的程序中重复使用相同的类定义。这种做法减少了代码的重复编写,提升了代码的效率和重用性。

5.4 解决问题

5.4.1 任务 1：机房信息展示

1. 任务效果

计算机学院有几十间机房,每个机房都有机房名称、机房管理员和机位计算机总数和不可用台数。机房还可以输出相关信息。请设计该机房类并创建对象进行赋值和调用,运行结果如图 5-10 所示。

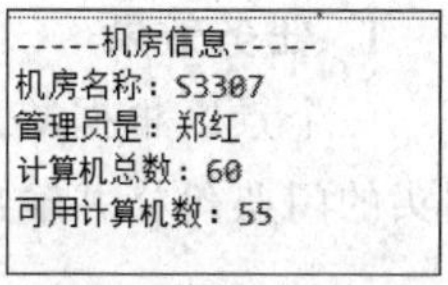

```
-----机房信息-----
机房名称：S3307
管理员是：郑红
计算机总数：60
可用计算机数：55
```

图 5-10　运行结果 2

2. 任务分析

实现思路如下。

（1）首先设计机房类 ComputerRoom,包含以下内容：

- 机房名称为 roomName;
- 机房管理员为 admin;
- 计算机总台数为 computerNumber;
- 不可用计算机台数为 disabledNumber;
- 显示自身信息的 showInfo()方法。

（2）在主函数中创建如下机房对象：S3307 机房,管理员是郑红,机位数为 60 台,其中不可用计算机台数为 5 台。

（3）调用成员方法展示机房相关信息。

3. 代码实现

```java
public class ComputerRoom {
    //成员变量
    public String roomName;            //机房名称
    public String administrator;       //机房管理员
    public int total;                  //计算机总数
    public int disabled;               //不可用计算机台数
    //成员方法
    public void showInfo() {//显示信息
```

```
        System.out.println("-----机房信息-----");
        System.out.println("机房名称:"+roomName);
        System.out.println("管理员是:"+administrator);
        System.out.println("计算机总数:"+total);
        System.out.println("可用计算机台数:"+(total-disabled));
    }
    //测试用主函数
    public static void main(String[] args) {
        ComputerRoom room=new ComputerRoom();
        room.roomName="S3307";
        room.administrator="郑红";
        room.total=60;
        room.disabled=5;
        room.showInfo();
    }
}
```

在上面的代码中,ComputerRoom 类一共有两个方法:一个是 showInfo()方法,另一个是 main()方法(也叫主函数)。有时候为了快速测试类的定义是否正确,会在该类中添加一个测试用的主函数,对该类的对象进行创建和调用。实际在对外发布时,这个测试用的主函数往往会被注释掉。

5.4.2　任务 2:旅游景点门票打印

1. 任务效果

一个景区根据游人的年龄收取不同价格的门票。请编写游人类,根据年龄段决定能够购买的门票价格并输出,运行结果如图 5-11 所示。

(a) 普通票

(b) 优惠票

图 5-11　运行结果 3

2. 任务分析

实现思路如下。

(1) 首先设计游人类 Visitor,包含以下内容:

- 姓名为 name;
- 年龄为 age;
- 打印票据的方法 printTicket():使用 if 语句进行判断,如果 age 大于或等于 18 且小于 60,则打印普通票,否则打印优惠票信息。

(2) 在主函数中创建如下游客对象:

- 刘星为 18 岁;
- 李明为 60 岁。

（3）调用成员方法 printTicket()打印票据信息。

3. 代码实现

```java
public class Visitor {
    public String name;              // 姓名
    public int age;                  // 年龄
    // 显示信息方法
    public void printTicket() {
        if (age >= 18 && age <= 60) {            // 判断年龄
            System.out.println("--------普通票---------");
            System.out.println("姓名:"+name);
            System.out.println("年龄:"+age);
            System.out.println("价格:"+20+"元");
            System.out.println("--------------------");
        } else {
            System.out.println("--------优惠票---------");
            System.out.println("姓名:"+name);
            System.out.println("年龄:"+age);
            System.out.println("价格:"+10+"元");
            System.out.println("--------------------");
        }
    }
    public static void main(String[] args) {
        Scanner input = new Scanner(System.in);
        Visitor v = new Visitor();
        System.out.print("请输入姓名:");
        v.name = input.next();
        System.out.print("请输入年龄:");
        v.age = input.nextInt();
        v.printTicket();
    }
}
```

5.4.3　任务3：时间的格式化

1. 任务效果

假设当前的时间是 2023 年 10 月 1 日 10 点 10 分 10 秒,编写一个 CurrentTime 类,设置属性为该时间,定义一个方法格式化显示该时间,运行结果如图 5-12 所示。

2. 任务分析

实现思路如下。

（1）首选当前时间类 CurrentTime,包含以下内容:

图 5-12　运行结果 4

- 年为 year;
- 月为 month;
- 日为 day;
- 时为 hour;
- 分为 minute;
- 秒为 second;
- 方法为 toTimeString()。使用格式化字符串方法返回一个表示"年-月-日 时:分:秒"格式的字符串 toTimeString。

（2）在主函数中创建如下时间对象并进行变量赋值: 2023 10 1 10 1 1。

（3）调用成员方法 toTimeString()显示格式化时间信息。

3. 代码实现

```java
public class CurrentTime {
    public int year;
    public int month;
    public int day;
    public int hour;
    public int minute;
    public int second;
    public String toTimeString() {
        return String.format("%04d-%02d-%02d %02d:%02d:%02d", year, month, day,
hour, minute, second);
    }
    public static void main(String[] args) {
        System.out.println("请输入时间信息(年 月 日 时 分 秒):");
        Scanner input = new Scanner(System.in);
        CurrentTime now = new CurrentTime();
        now.year = input.nextInt();
        now.month = input.nextInt();
        now.day = input.nextInt();
        now.hour = input.nextInt();
        now.minute = input.nextInt();
        now.second = input.nextInt();
        String str = now.toTimeString();        //调用方法,返回的结果赋值给 str 变量
        System.out.print("当前时间如下:" + str);
    }
}
```

4. 代码详解

上面的案例中出现了一种新的方法形式,即带返回值的无参方法,该方法返回一个格式化字符串。即:

```java
public String toTimeString() {
    return String.format("%04d-%02d-%02d %02d:%02d:%02d", year, month, day, hour,
minute, second);
}
```

应注意,以上方法返回值的类型与设定的返回值的类型必须一致。比如,上面的例子中,返回值为 String,而 String.format 的结果也是一个字符串。

在调用带有返回值的方法时,仍然采用对象名.方法名的形式进行调用,但常常需要有一个变量用来存放方法的结果。如下代码中,str 变量用来存放这个结果。

```java
String str = now.toTimeString();        //调用方法,返回的结果赋值给 str 变量
```

5.4.4 任务4:银行 ATM 存取款

1. 任务效果

本系统的功能描述如下:有一台 ATM 机,当用户开始操作后,将为用户创建一张银行卡,该卡的卡号和密码由用户进行输入,卡的余额初始为 0。当用户成功创建卡后,系统将提供以下操作:①存款;②取款;③查询余额;④退卡。程序运行效果如图 5-13 所示。

2. 任务分析

（1）每个用户对应一个账户对象。需要设计账户类,账户类包含的属性至少有卡号、余

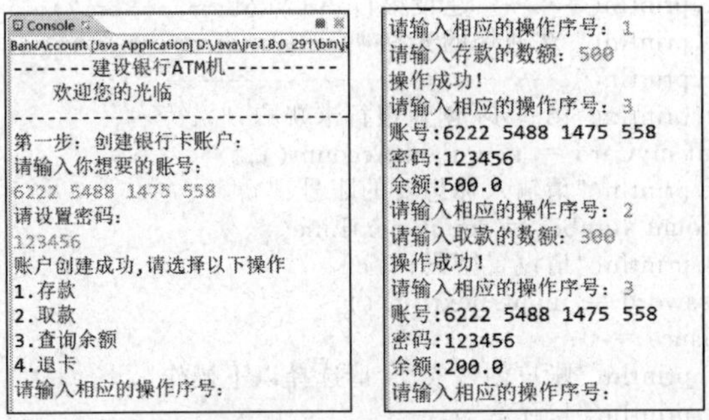

图 5-13　运行结果 5

额、密码,包含的方法对应有存款、取款、显示余额。

（2）用户开户的功能相当于实例化账户的过程,通过用户输入的账户和密码创建账户对象。

（3）存款方法对账户余额进行加法操作,注意存款金额必须满足大于 0 的条件。

（4）取款方法对账户余额进行减法操作,注意取款金额必须满足大于 0 且小于或等于现有余额的条件。

（5）整体的菜单采用死循环加 break 跳出机制,当用户输入"退卡"的序号后,跳出循环。

3. 代码实现

```java
import java.util.Scanner;
public class BankAccount {
    public String accountNumber;          // 账号
    public String password;               // 密码
    public double balance;                // 余额
    public void showInfo() {              // 显示信息
        System.out.println("账号:" + accountNumber);
        System.out.println("密码:" + password);
        System.out.println("余额:" + balance);
    }
    public void deposit(double amount) {      // 存款
        if (amount > 0) {
            balance += amount;
            System.out.println("操作成功!");
        } else {
            System.out.println("输入无效!");
        }
    }
    public void withdraw(double amount) {      // 取款
        if (amount <= balance && amount > 0) {
            balance -= amount;
            System.out.println("操作成功!");
        } else if (amount > balance) {
            System.out.println("余额不足!");
        } else {
            System.out.println("输入无效!");
        }
    }
    //测试主函数
    public static void main(String[] args) {
        Scanner input = new Scanner(System.in);
```

```
System.out.println("-------建设银行 ATM 机----------");
System.out.println(" 欢迎您的光临 ");
System.out.println("-------------------------");
System.out.println("第一步:创建银行卡账户:");
BankAccount myCard = new BankAccount();
System.out.println("请输入你想要的账号:");
myCard.accountNumber = input.nextLine();
System.out.println("请设置密码:");
myCard.password = input.nextLine();
myCard.balance = 0;
System.out.println("账户创建成功,请选择以下操作");
System.out.println("1.存款");
System.out.println("2.取款");
System.out.println("3.查询余额");
System.out.println("4.退卡");
int choice;                       //用户选择
double money;                     //存取款数额
do {
    System.out.print("请输入相应的操作序号:");
    choice = input.nextInt();
    switch (choice) {
    case 1:
        System.out.print("请输入存款的数额:");
        money = input.nextDouble();
        myCard.deposit(money);      //调用存款方法
        break;
    case 2:
        System.out.print("请输入取款的数额:");
        money = input.nextDouble();
        myCard.withdraw(money);    //调用取款方法
        break;
    case 3:
        myCard.showInfo();          //调用显示信息的方法
        break;
    case 4:
        System.out.println("退卡完成,欢迎下次使用!");
        break;
    default:
        System.out.println("请输入范围内的序号");
        break;
    }
} while (choice != 4);
}
}
```

4. 代码详解

上面的案例中又出现了一种新的方法形式,即带参数的方法,该方法接受一个或多个参数,并在方法内部进行计算,即:

```
public void deposit(double amount) {     // 存款方法,amount 为形式参数
    if (amount > 0) {
        balance += amount;
        System.out.println("操作成功!");
    } else {
        System.out.println("输入无效!");
    }
}
```

在调用带有参数的方法时,需要传入具体的值给这个方法,这个具体的值也叫实际参数,在下列代码中 money 就是实际参数。

```
…
case 1:
            System.out.print("请输入存款的数额:");
            money = input.nextDouble();
            myCard.deposit(money);              //调用存款方法,money 为传入的实际参数
            break;
…
```

5.5　项目实施

5.5.1　任务效果

本环节进行宠物领养,实现展示宠物档案并提供认养等功能,最终的运行结果如图 5-14 所示。

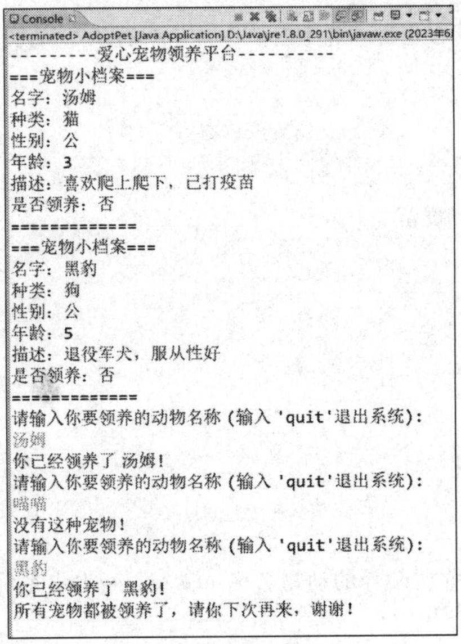

图 5-14　运行结果 6

开发爱心宠物领养平台

5.5.2　关键步骤

(1) 在 Eclipse 中新建一个项目,选择 File→New→Class 命令,添加两个类,分别如下:

- 认养类为 AdoptPet(包含主函数)。
- 宠物类为 Pet。

(2) 在 Pet 类中添加如下代码,完成宠物类的构建。

```
public class Pet {
    public String kind;
    public String name;
```

```
        public boolean gender;
        public int age;
        public String desc;
        public boolean isAdopted;
        public void showInfo(){
            System.out.println("===宠物小档案===");
            System.out.println("名字:"+name);
            System.out.println("种类:"+kind);
            System.out.println("性别:"+(gender?"公":"母"));
            System.out.println("年龄:"+age);
            System.out.println("描述:"+desc);
            System.out.println("是否领养:"+(isAdopted?"是":"否"));
            System.out.println("===============");
        }
    }
```

(3) 在 AdoptPet 类中添加如下代码,实现认养类的构建。在主函数中编写显示宠物信息和认养宠物的代码。

```
import java.util.Scanner;
public class AdoptPet {
    public static void main(String[] args) {
        Scanner scanner = new Scanner(System.in);
        System.out.println("---------爱心宠物领养平台----------");
        Pet pet1 = new Pet();
        pet1.kind = "猫";
        pet1.name = "汤姆";
        pet1.age = 3;
        pet1.gender = true;
        pet1.desc = "喜欢爬上爬下,已打疫苗";
        pet1.isAdopted = false;
        pet1.showInfo();
        Pet pet2 = new Pet();
        pet2.kind = "狗";
        pet2.name = "黑豹";
        pet2.age = 5;
        pet2.gender = true;
        pet2.desc = "退役军犬,服从性好";
        pet2.isAdopted = false;
        pet2.showInfo();
        while (true) {
            System.out.println("请输入你要领养的动物名称 (输入 quit 退出系统):");
            String name = scanner.nextLine();
            if (name.equals("quit")) {
                break;
            }
            if (pet1.name.equals(name)) {
                pet1.isAdopted=true;          //设置认养状态为真
                System.out.println("你已经领养了 " + pet1.name + "!");
            }
            else if (pet2.name.equals(name)) {
                pet2.isAdopted=true;          //设置认养状态为真
                System.out.println("你已经领养了 " + pet2.name + "!");
            }
            else{
                System.out.println("没有这种宠物!");
            }
            if (pet1.isAdopted && pet2.isAdopted) {
                System.out.println("所有宠物都被领养了,请你下次再来,谢谢!");
                break;
```

```
            }
         }
      }
   }
```

（4）保存并运行代码，来测试一下你亲手编写的宠物领养程序代码吧！

5.6 强化训练

5.6.1 语法自测

扫码完成语法自测题。

自测题.docx

5.6.2 上机强化

（1）宠物领养平台要上新宠物了，请模仿项目实施环节的代码，创建一个新的宠物对象，并对其进行上架。

（2）设计一个图书类 Book，图书类具有如下特征：书名、作者、价格、出版社、页码、字数、出版日期。

要求：请为这几个属性选择合适的变量名称和类型（例如书名可用 bookName）。另外，为图书类 Book 添加一个展示自身信息的方法 ShowInfo()。最后，在测试主函数中创建 Book 类的对象，将你最喜欢的书籍信息对其属性进行赋值，并将信息显示在控制台上。

5.6.3 进阶探究

（1）定义项目经理类 Manager，"姓名"属性为 name，"工号"属性为 id，"工资"属性为 salary，"奖金"属性为 bonus，"工作"方法为 work()。定义程序员类 Coder，"姓名"属性为 name，"工号"属性为 id，"工资"属性为 salary，"工作"方法为 work()。

要求：定义测试类，在 main() 方法中创建 Manager 类和 Coder 类的对象并给成员变量赋值。

调用成员方法，打印内容如下。

"工号为 123，基本工资为 15000 元奖金为 6000 元的项目经理正在努力地做着管理工作，分配任务，检查员工提交上来的代码。"

"工号为 135，基本工资为 10000 元的程序员正在努力地写着代码。"

（2）定义一个直角等腰三角形类 Tritangle，在其主函数中创建一个 Tritangle 对象，从控制台获取用户输入，对其变量进行赋值，调用方法显示其面积和周长。

要求："直角边长"属性（成员变量）为 length（整型）。

方法如下。

getArea()：无参数，返回直角等腰三角形的面积（浮点型）。

getPerimeter()：无参数，返回直角等腰三角形的周长（浮点型）。

思政驿站

编程与哲学的交响曲

想象一下,如果计算机世界是一个充满魔法(图 5-15)的王国,那么面向对象编程就是这个王国中的魔法规则。在这个神奇的世界里,每个程序员都是一位魔法师,他们用代码创造出各式各样的生物和物品——这些就是对象。而魔法的基本咒语就是类,它赋予对象以生命和能力。

第一乐章:实践出真知。

在马克思主义哲学的光辉照耀下,我们知道,实践是检验真理的唯一标准。面向对象编程的魔法师们也不例外。他们深入现实世界的森林,观察树木的生长,然后回到编程的实验室,创造出一个名为 Tree 的类。这个类,就是程序员对树木这一现实世界事物的理解和模拟,是他们实践的成果。

第二乐章:抽象与具体之舞。

魔法师们知道,世界上没有两片完全相同的叶子,但所有的叶子都有共同的特征。这就是抽象的力量!他们从具体的树木中抽象出 Tree 类,然后又用这个类来创建

图 5-15　魔法

各种具体的树对象。这个过程,就像是从一片片具体的叶子中抽象出"叶"的概念,再将这个概念应用到每一片叶子上。

第三乐章:矛盾的和谐。

在魔法世界中,继承和多态性是魔法师们处理矛盾的法宝。继承就像是子魔法师从父魔法师那里继承了魔法书和魔杖,但子魔法师也可以有自己独特的魔法。多态性则像是不同的魔法生物,虽然它们各不相同,但都可以响应同一种魔法指令。

第四乐章:量变质变的魔法。

魔法师们还懂得量变到质变的魔法。在编程中,对象的状态改变(量的积累)达到一定程度,就会引起质的变化。比如,一个 Student 对象,随着不断地学习(study()),最终会毕业(graduate()),实现从学生到毕业生的转变。

下面以一个简单的银行账户(BankAccount)类为例,我们来探讨类和对象的哲学意义。

```java
public class BankAccount {
    private double balance;                 // 余额
    public BankAccount(double initialBalance) {
        this.balance = initialBalance;
    }
    public void deposit(double amount) {
        this.balance += amount;
    }
    public void withdraw(double amount) {
        if (this.balance >= amount) {
```

```
                this.balance -= amount;
            } else {
                System.out.println("余额不足");
            }
        }
    public double getBalance() {
        return this.balance;
    }
}
```

在这个类中，balance 是银行账户的属性，deposit 和 withdraw 是账户的行为。每个 BankAccount 对象都代表了现实世界中的一个具体银行账户，具有独特的余额。程序员在设计 BankAccount 类时，首先需要通过实践(与银行账户的交互)来认识账户的基本特征和行为。然后将这些认识抽象为代码，创建出类和对象。BankAccount 类是对现实世界中银行账户的抽象，它定义了账户的基本结构和行为。而当创建 BankAccount 的一个实例时，我们得到了一个具体的银行账户对象，它代表了现实世界中的一个特定账户。

考虑一个 SavingAccount 类，它继承自 BankAccount 类并添加了一些特定的行为，如计算利息。

```
public class SavingAccount extends BankAccount {
    private double interestRate;
    public SavingAccount(double initialBalance, double interestRate) {
        super(initialBalance);
        this.interestRate = interestRate;
    }
    @Override
    public void deposit(double amount) {
        super.deposit(amount);
        this.addInterest();
    }
    private void addInterest() {
        this.balance += this.balance * (this.interestRate / 100);
    }
}
```

在这里，SavingAccount 类通过继承 BankAccount 类体现了事物之间的联系，而通过重写 deposit()方法体现了事物之间的区别，这符合矛盾论中的事物普遍联系和特殊矛盾的观点。

面向对象编程不仅仅是一种技术，它更是一种思考世界的方式。在这个过程中，程序员们用代码模拟现实，用抽象理解具体，用继承和多态性处理矛盾，用量变质变推动事物的发展。这不仅是编程的智慧，更是哲学的智慧。

项目小结

本项目主要讲解了 Java 面向对象的基本语法，包括类的构成、对象的创建、成员方法的调用等。在解决问题环节通过把客观世界中的实体抽象为问题域中的对象的方式，培养了学生面向对象的编程思想，提升了面向对象的编程能力，同时也形成了用哲学观点认识世界的思维方式。

项目评价

自主学习评价表

你学会了					
	好	中			差
	5	4	3	2	1
面向对象程序设计的概念	◎	◎	◎	◎	◎
对象和类的定义	◎	◎	◎	◎	◎
类的组成	◎	◎	◎	◎	◎
成员变量和成员方法的调用	◎	◎	◎	◎	◎
引用数据类型的内存结构	◎	◎	◎	◎	◎
你认为					
	总是	一般			从未
	5	4	3	2	1
对你的能力的挑战	◎	◎	◎	◎	◎
你在本章中为成功所付出的努力	◎	◎	◎	◎	◎
你投入(做作业、上课等)的程度	◎	◎	◎	◎	◎
你在学习过程碰到了怎样的难题？是如何解决的？					
日常生活中有哪些问题或者想法能用所学知识实现？试举例说明。					
看完思政驿站后，说说你的感悟。					

项目6 开发图书销售管理系统

技能目标

- 理解数组在内存中如何存储和排列。
- 掌握如何声明数组、初始化数组以及访问数组元素。
- 能实现数组的遍历。
- 能实现数组元素的查找。
- 能对数组元素进行排序和求最值。
- 能使用 Arrays 类常用方法操作数组。
- 掌握二维数组的创建和遍历方法。
- 掌握对象数组的创建和遍历方法。

知识图谱

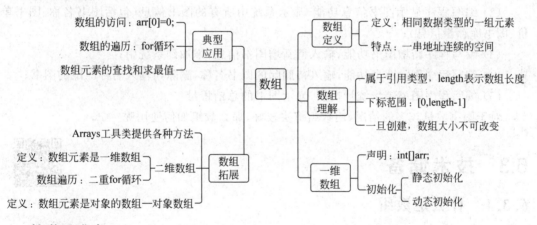

教学重难点

教学重点：

- 数组的存储特点，声明数组，初始化数组；
- 数组的遍历、查找。

教学难点：

- 数组的排序和求最值；
- 二维数组的创建和访问；
- 对象数组的创建和访问。

6.1 项目任务

当今时代是飞速发展的信息时代,图书作为一种信息资源的集散地,借阅和管理的资料数据繁多,使用计算机进行信息控制,不仅提高了工作效率,而且大大地提高了其安全性。图书销售管理系统可以提高图书销售和管理的效率,提高服务质量。

项目 6 的任务是编写一个图书销售管理系统,包括四个功能:显示图书信息、新增图书、删除图书、图书销量统计,如图 6-1 所示。图书销售管理系统首先展示图书销售管理菜单,用户输入菜单序号后,完成对应的功能。

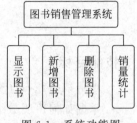

图 6-1　系统功能图

6.2 需求分析

本项目具体可参照如下过程:

(1) 编写程序展示图书销售管理菜单,用户根据需要输入菜单序号,程序根据用户输入的菜单序号实现功能;

(2) 编写程序显示图书信息功能,显示系统中所有的图书信息(包括图书名称、图书单价、图书库存量信息);

(3) 编写程序新增图书功能,输入待新增图书信息,添加到系统中;

(4) 编写程序删除图书功能,输入待删除的图书名称,删除与输入名称匹配的图书;

(5) 编写程序图书销量统计功能,显示图书的总销售量。

对于图书数量较多的情况,用数组解决较好,那么数组如何使用呢?

6.3 技术储备

6.3.1 什么是数组

1. 为什么需要数组

在 Java 中,使用基本数据类型的变量仅能存储单个数据,如果需要存储一个班 30 位学生的成绩,则需要定义 30 个变量,代码如下:

```
int score1=89;
int score2=92;
int score3=95;
int score4=79;
int score5=83;
…
int score28=68;
int score29=81;
int score30=93;
```

可以看到,上述代码非常臃肿,且如果需要计算这 30 位学生的平均成绩,操作会更加麻烦,代码如下:

int avg_score＝(score1＋score2＋score3＋…＋score29＋score30)/30;

如果需要存储全校学生的成绩,并对这些成绩进行统计,计算代码的复杂程度可想而知。如何存储大量同类型的数据呢? Java 提供了数组的概念,通过数组来存储一组相同类型的数据。

2. 什么是数组

数组是一个变量,是具有相同数据类型的一组有序数据的集合。数组中的每个元素都属于同一个数据类型,不同数据类型的数据不能放在同一个数组中。例如,全班 30 位学生的成绩均为整型,就可以存储在一个整型数组中。

声明一个变量就是在内存空间划出一块合适的空间,声明一个数组就是在内存空间划出连续的空间,如图 6-2 所示。

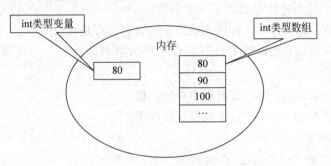

图 6-2　内存空间存储变量示意图

Java 中数组的基本要素如下。

(1)标识符:数组名称,用于区分不同的数组,数组的标识符要遵守 Java 标识符的命名规则。

(2)数组元素:存储在数组中的数据。

(3)数组下标:为了便于找到数组中的元素,对数组元素进行编号,数组的下标编号从 0 开始。

(4)元素类型:存储在数组中的元素均为同一类型。元素类型即为存储在数组中的元素的数据类型。

如图 6-3 所示,scores 是标识符(数组名称)。scores 数组中有 4 个元素,元素的类型是 int 类型,数组元素 70、100、90、80 对应的下标分别是 0、1、2、3。

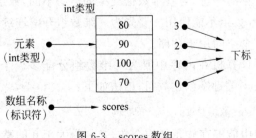

图 6-3　scores 数组

137

测试：下列哪组数据能存储在 scores 数组中？该数组的类型是什么？

(1) "张三""李四""王五"

(2) 9，23，"c"，95

(3) 89.3，93.6，15.8

(4) 68，93.6，15，9.8

解答：

(1) 能，String 类型。

(2) 不能，因为"c"是 String 类型，其他元素是 int 类型。

(3) 能，double 型。

(4) 不能，因为数据类型不同。

6.3.2　一维数组的创建与使用

一维数组的创建与使用包括以下 4 个步骤。

(1) 声明一维数组：告诉计算机该数组中的数据类型是什么。

(2) 创建一维数组：告诉计算机在内存中要为数组分配多少连续的空间用以存储数据。

（一维数组的创建与使用）

(3) 初始化一维数组：向一维数组中存放数据。

(4) 使用一维数组：对一维数组数据进行处理。

1. 声明一维数组

为了在程序中使用一个数组，必须声明一个一维数组。

在 Java 中，声明一维数组有以下两种格式：

数据类型[] 数组名;

或者

数据类型 数组名[];

声明数组就是告诉计算机该数组中的数据类型是什么。下面的代码中，score 是整型数组，它就可以存放整型数据；names 是字符串型数组，就只能存放字符串类型的数据。

```
int[] scores;
double weight[];
String[] names;
```

注意：声明一维数组时不要漏写"[ ]"。

2. 创建一维数组

数组是引用数据类型的一种，与基本数据类型的声明不同，数组变量声明后并不在内存中分配空间，此时的一维数组不能使用。要先为一维数组开辟连续的存储空间，这样一维数组的每一个元素才有一个空间用于存储。

分配空间就是告诉计算机在内存中要为一维数组分配多少个连续的空间用以存储数据。在 Java 中，使用 new 关键字创建数组，语法如下：

数组名 = new 数据类型[数组长度]; //分配空间

数组长度就是数组中能够存放元素的个数，必须是大于 0 的整数。例如：

```
scores = new int[30];
weight = new double[20];
names = new String[10];
```

也可以在声明数组时就为其分配空间,语法如下:

数据类型[] 数组名 = new 数据类型[数组长度]; //分配空间

或者

数据类型 数组名[] = new 数据类型[数组长度]; //分配空间

例如,声明并分配一个长度为 30 的 int 类型数组 scores,代码如下:

int[] scores = new int[30]; //声明数组时就分配空间

或者

```
int[] scores;              //声明数组
scores = new int[30];      //为 scores 数组分配空间
```

注意:一旦声明了数组的大小,就不能再修改了。

【例 6-1】 创建一个包含 4 个元素的字符串型数组 roommates,一个包含 5 个元素的 double 型数组 price。

```
String[] roommates;
double[] price;
roommate = new String[4];
price = new double[5];
```

或者

```
String[] roommates = new String[4];
double[] price = new double[5];
```

3. 初始化一维数组

分配空间后,即可向一维数组中存放数据,即一维数组的赋值操作。数组赋值有以下三种方式。

(1) 声明创建初始化一步完成。这种方式在声明的同时就直接初始化数组,同时也创建了数组空间。

语法如下:

数据类型[] 数组名 = {值 1, 值 2, 值 3, … 值 n};

或者

数据类型[] 数组名 = new 数据类型[] {值 1, 值 2, 值 3, … 值 n};

例如,使用这种方式创建一个长度为 5 的 double 型数组 weight:

double[] weight = {32.1, 98.23, 10.2, 6.7, 99.1};

或者

double[] weight = new double[] {32.1, 98.23, 10.2, 6.7, 99.1};

注意:这种直接创建并赋值的方式通常在数组元素较少的情况下使用,它必须一并完成,以下代码是不合法的。

double[] weight;

weight = {32.1, 98.23, 10.2, 6.7, 99.1};   //不合法

（2）单个数组元素的初始化。一维数组中的每一个元素都是通过下标访问的,下标从 0 开始到数组的长度减 1,例如 a[0]就表示 a 数组的第 1 个元素,a[4]就表示 a 数组的第 5 个元素。

语法如下:

数组名[下标] = 元素值;

例如,在 scores 数组中存放数据:

```
scores[0] = 96;
scores[1] = 82;
scores[2] = 89;
…
scores[29] = 92;
```

【例 6-2】 定义一个字符串型数组 roommates,存放你的宿舍成员,并完成赋值。

```
String[] roommates = new String[4];
roommates[0] = "小雪";
roommates[1] = "瑶瑶";
roommates[2] = "倩倩";
roommates[3] = "婷婷";
```

上述案例的数组 roommate 长度为 4,数组的下标从 0 到 3。

（3）使用循环初始化数组元素。当数组元素较多时,单个数组元素的访问赋值较为麻烦。通过观察代码可以发现,每一次赋值都需要使用数组名,只是下标在变化,所以可以使用循环结构为数组赋值。

例如:

```
Scanner input = new Scanner(System.in);
int[] scores=new int[10];            //创建数组,分配空间
for(int i=0; i<10; i++) {            //数组初始化
    scores[i]=input.nextInt();       //对数组的每一个元素赋值
}
```

上述代码通过 for 循环依次读取用户输入的数据对数组进行赋值,此时循环变量 i 即为数组的下标,通过 i 的不断变化访问所有的元素并进行完成赋值操作,如图 6-4 所示。

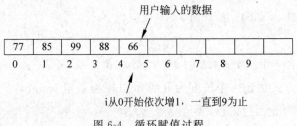

图 6-4　循环赋值过程

在 Java 中,有一种动态获得数组长度的方式,语法如下:

数组名称.length

上述代码如果使用 scores.length 表示 scores 数组的长度,则使数组遍历更具有通用性。

```
Scanner input = new Scanner(System.in);
int[] scores=new int[10];                    //创建数组
for(int i=0; i<score.length; i++) {          //数组初始化
    scores[i]=input.nextInt();
}
```

提示：在编写程序时，数组和循环结构通常结合在一起使用，这样可以大大简化代码，提高程序效率。

【例 6-3】　定义一个字符串型数组 roommates，存放你的宿舍成员，通过键盘动态输入并完成赋值。

```
Scanner input = new Scanner(System.in);
String[] roommates = new String[4];
for(int i=0; i<roommates.length; i++) {
    roommates[i] = input.next();
}
```

【例 6-4】　定义一个整型数组 numbers，存放 1～100 的自然数，用 for 循环完成赋值。

```
int[] numbers = new int[100];
for(int i=0; i<numbers.length; i++) {
    numbers[i] = i+1;
}
```

【例 6-5】　定义一个字符类型的数组 alphabets，存放 A～Z 一共 26 个英文字符，用 for 循环完成赋值。

案例分析：解决这个问题，需要在字符 A 到字符 Z 之间找到一种规律，有了规律才能使用循环完成赋值，否则就只能一个一个地赋值了。

常规的方法：

```
char[] alphabets={'A','B','C','D','E','F','G','H','I','J','K','L','M','N','O','P','Q','R',
'S','T','U','V','W','X','Y','Z'};
```

项目 2 中曾经提到，在 ASCII 码表中，字符 A 对应的 ASCII 码是 65，字符 B 的 ASCII 码是 66，以此类推，字符 Z 的 ASCII 码是 90。根据这个规律，使用以下循环可以实现对字母数组的赋值。

```
for(int i=0;i<26;i++) {
    alphabet[i]=(char) ('A'+i);
}
```

拓展思考：请为小写字母 a～z 完成数组赋值。

（4）数组元素的默认值。数组创建（完成声明、分配空间）后，没有初始化会输出什么？试运行下面的程序看看结果。

```
int[] arr = new int[4];
for(int i = 0;i<arr.length;i++){
    System.out.print(arr[i]);
}
```

不难发现，代码的运行结果为 0000。在 Java 中，如果为数组分配了内存空间，那么系统会为数组元素指定默认值，该默认值与数组的数据类型有关，具体如表 6-1 所示。

表 6-1　数组元素的默认值

数组元素类型	元素默认初始值	数组元素类型	元素默认初始值
byte	0	float	0.0F
short	0	double	0.0
int	0	char	0 或写为'\u0000'(表现为空)
long	0L	boolean	false
引用类型	null		

4. 使用一维数组

创建并初始化一维数组后,即可对一维数组数据进行处理。

【例 6-6】 使用一维数组存储 5 位学生的成绩,学生成绩通过键盘动态输入,计算并输出这 5 位学生的平均成绩。

```
int[] scores = new int[5];                    //成绩数组
int sum = 0;                                  //成绩总和
double avg =0;                                //平均分
Scanner input = new Scanner(System.in);
System.out.println("请输入 5 位学员的成绩:");
for(int i = 0; i < scores.length; i++){
    scores[i] = input.nextInt();
    sum = sum + scores[i];                    //成绩累加
}
//计算并输出平均分
avg = (double)sum/scores.length;
System.out.println("学员的平均分是:" + avg);
```

该例中,程序通过循环获取用户输入的分数并存入数组元素中,同时将该数据元素累加到变量 sum 上,实现累加求和。

少量的数据可以通过循环进行录入。在一些场合,需要对大容量的数组进行初始化,此时可以使用随机数生成方法实现快速赋值。例如,上述案例中,若要将题目修改为存储 100 名学生的成绩,这 100 名成绩可以采用如下方式快速完成。

```
int[]scores=new int[100];
for(int i=0;i<100;i++){
    scores[i]=(int)(Math.random() * 101);         //[0,100]的取值范围
}
```

前面提过,Math.random()的取值范围为[0,1),对其乘以 101 后,再进行取整,得到的取值范围即为[0,100]。

6.3.3　一维数组的应用

1. 数组的遍历

一维数组的应用

数组的遍历就是获取数组中的每个元素。通常遍历数组都是使用 for 循环来实现,使用前面提到的"数组名称.length"获取数组的长度。

【例 6-7】 遍历一维数组{89,4,2,5,73,12},并逐一显示。

```
int[] arr = {89, 4, 2, 5, 73, 12};
for(int i = 0; i < arr.length; i++){
    System.out.println("数组 arr 第"+(i+1)+"个元素是" + arr[i]);
}
```

上述代码的运行结果如图 6-5 所示。

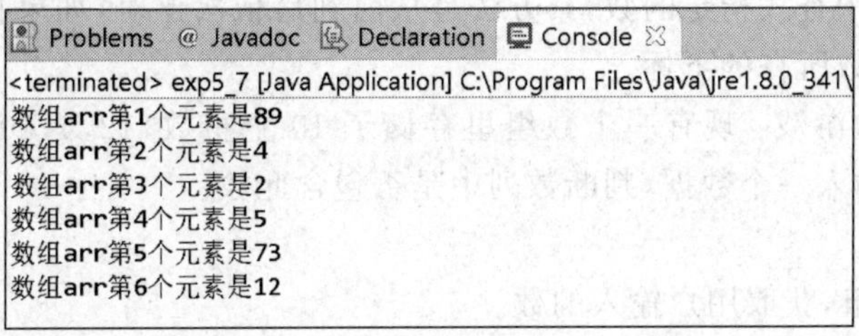

```
Problems  @ Javadoc  Declaration  Console  ⊠
<terminated> exp5_7 [Java Application] C:\Program Files\Java\jre1.8.0_341\
数组arr第1个元素是89
数组arr第2个元素是4
数组arr第3个元素是2
数组arr第4个元素是5
数组arr第5个元素是73
数组arr第6个元素是12
```

图 6-5　运行结果 1

【例 6-8】　遍历一维数组{89,4,2,5,73,12},运行结果如图 6-6 所示,如何修改程序呢?

```
Problems  @ Javadoc  Declaration  Console  ⊠
<terminated> exp5_7 [Java Application] C:\Program Files\Java
{89,4,2,5,73,12}
```

图 6-6　运行结果 2

相关代码如下:

```
int[] arr = {89, 4, 2, 5, 73, 12};
System.out.print("{");                      //显示"{"
for(int i = 0; i < arr.length; i++){
    if(i!=arr.length-1)                     //没有遍历到数组最后一个元素时显示 arr[i]+","
        System.out.print(arr[i]+",");
    else                                    //遍历到数组最后一个元素时显示 arr[i]+"}"
        System.out.print(arr[i]+"}");
}
```

上述代码在遍历数组前先输出"{",在遍历数组的过程中,根据是否为数组最后一个元素,显示不同的内容。

自 JDK 1.5.0 起,Java 提供了增强型 for 的新特性,称为 foreach 循环,语法如下:

```
for (元素类型 临时变量 x : 遍历对象 obj ){
    访问 x 的语句;
}
```

foreach 循环常用于数组遍历,简单而高效,遍历的代码如下:

```
int[] arr = {89, 4, 2, 5, 73, 12};
for(int x:arr){                             //增强型 for 循环
    System.out.print(x+" ");
}
```

需要注意的是,foreach 循环适合遍历数组,但只限于对元素值进行读取;而 for 语句不仅可以读取,也可以对数组进行赋值和修改。因此 foreach 语句不能完全取代 for 语句。例如,下面的代码是无效的。

```
String[] roommates = new String[4];
for(String x :roommates) {
    x = input.next();                       //试图对 x 赋值,是无效赋值,无法通过 x 修改数组元素的值
}
```

2. 数组元素的查找

在无序的数组中查找指定的数,其方法是从前到后依次比对,如果找到指定的数,则返回找到标识或者该数所在的下标。

【例6-9】 猜数游戏:现有一个数组里存储了10个整数{12,4,10,5,7,37,15,9,16,3},从键盘中任意输入一个数据,判断数列中是否包含此数。

实现思路如下。

(1) 初始化数组,获取用户输入的数。

(2) 设置一个是否找到的标识,默认情况下为false,表示没有找到。

(3) 从前向后依次扫描数组,如果数组的元素与用户输入的值相等,则设置标识为找到true,同时退出循环;否则,继续找下一个。

(4) 循环结束后,根据标识的真假判断是否找到。

```java
int[] list = {12, 4, 10, 5, 7, 37, 15, 9, 16, 3};    // 创建数组并赋值
Scanner input = new Scanner(System.in);
System.out.print("请输入一个整数: ");
int guess = input.nextInt();              //guess变量存放键盘输入的待查找数据
boolean isCorrect = false;                //isCorrect默认为false,表示没有找到待查找数据
for (int i = 0; i < list.length; i++) {
    if (guess == list[i]) {
        isCorrect = true;                 //如果找到待查找数据isCorrect,则将其置为true
        break;
    }
}
if (isCorrect) {                          //根据isCorrect的值显示是否猜对
    System.out.println("猜对了!");
} else {
    System.out.println("抱歉!");
}
```

拓展思考:如果要求返回该元素在数组中的具体位置,该如何编写代码实现呢?

3. 数组的排序

(1) 求一维数组的最值。求一个数组中的最大值,类似于打擂台,假设第一个为最大值,将其依次与后面的数字进行比较,谁比最大值大,谁就拥有最大值的头衔,如图6-7所示。

图6-7 打擂台

【例6-10】 从键盘输入5位学生本次Java考试的成绩,求考试成绩最高分。

实现思路如下。

① 循环录入5位学员的成绩。

② 假设scores[0]为最大值,将其存入整型变量max(记录最大值)。

③ 通过循环将max变量与scores数组中除scores[0]外所有的元素逐一比较,将较大值存入max变量。

④ 当完成所有元素的比较,则max中存储的就是数组中的最大值。

代码实现如下:

```java
Scanner input = new Scanner(System.in);
```

```
int[] scores = new int[5];
int max = 0;                                          //记录最大值
System.out.println("请输入 5 位学员的成绩:");
for(int i = 0; i < scores.length; i++){
    scores[i] = input.nextInt();
}
//计算最大值
max = scores[0];
for(int i = 1; i < scores.length; i++){
    if(scores[i] > max){
        max = scores[i];
    }
}
System.out.println("考试成绩最高分如下:" + max);
```

拓展思考：如果求最小值呢？

（2）一维数组的排序。一维数组排序就是将数组中原本无序的数据进行处理后，使数组中的数据从小到大（升序）排列，或者使数组中的数据从大到小（降序）排列。

数组排序是实际开发中较为常用的操作。Arrays 类中的 sort()方法可以对数组进行升序排列，语法如下：

```
Arrays.sort(数组名);
```

【例 6-11】　循环录入 5 位学员的成绩，进行升序排列后输出结果。

```
import java.util.Arrays;
import java.util.Scanner;
…
int[] scores = new int[5];                            //成绩数组
Scanner input = new Scanner(System.in);
System.out.println("请输入 5 位学员的成绩:");
for(int i = 0; i < scores.length; i++){               //循环录入学员成绩
    scores[i] = input.nextInt();
}
Arrays.sort(scores);                                  //对数组进行升序排序
System.out.print("学员成绩按升序排列:");
for(int i = 0; i < scores.length; i++){               //利用循环输出学员成绩
    System.out.print(scores[i] + " ");
}
…
```

上述这段代码的运行结果如图 6-8 所示。

图 6-8　运行结果 3

使用 Arrays 类的 sort()方法进行排序，只需要提供数组名即可。另外，Arrays 类位于 java.util 包中，在使用前需要导入 java.util.Arrays 类。

Arrays 类主要提供操作数组的各种方法，除排序外，还有判断数组是否相等、复制操作等，具体如表 6-2 所示。

表 6-2　Arrays 类的方法

方 法 名 称	说　明
boolean equals(array1,array2)	比较 array1 和 array2 两个数组是否相等
sort(array)	对数组 array 的元素进行升序排列
String toString(array)	将一个数组 array 转换成一个字符串
void fill(array,val)	把数组 array 所有元素都赋值为 val
copyOf(array,length)	把数组 array 复制成一个长度为 length 的新数组,返回类型与复制的数组一致
int binarySearch(array,val)	查询元素值 val 在数组 array 中的下标(要求数组中元素已经按升序排列)

【例 6-12】　已知刘星的五门课成绩为 90、80、95、99、85,张浩的成绩正好和刘星完全一样,试输出张浩的成绩。

```
int[] arr1={90,80,95,99,85};
int[] arr2;
arr2=Arrays.copyOf(arr1, arr1.length);
System.out.println(Arrays.toString(arr2));
```

上述代码使用了 Arrays 类的两种方法,其中,Arrays.copyOf()方法完成了对数组的复制,Arrays.toString()方法可以将数组转换为一个字符串进行输出。

6.3.4　二维数组的创建与使用

1. 为什么要学习二维数组

通过前面的学习,大家可以利用一维数组对 5 名学生的某门课成绩进行操作。但是如果要对 3 个班各 5 名学生某门课程的成绩进行操作,如何实现呢?

(1) 1 个班 5 名学生的成绩可以定义为一个长度为 5 的一维数组,如图 6-9 所示。代码如下。

```
int[] scores =new int[5];        //1 个班 5 名学生的成绩,创建有 5 个元素的一维数组
```

一维数组scores	scores[0]	scores[1]	scores[2]	scores[3]	scores[4]

图 6-9　一维数组 scores

(2) 3 个班各 5 名学生的成绩可以定义为 3 个长度为 5 的一维数组代码如下。3 个一维数组的表示如图 6-10 所示。

```
int[] s1 =new int[5];        //1 班 5 名学生的成绩
int[] s2 =new int[5];        //2 班 5 名学生的成绩
int[] s3 =new int[5];        //3 班 5 名学生的成绩
```

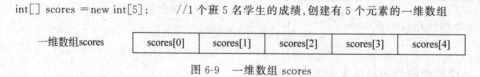

一维数组s1	s1[0]	s1[1]	s1[2]	s1[3]	s1[4]
一维数组s2	s2[0]	s2[1]	s2[2]	s2[3]	s2[4]
一维数组s3	s3[0]	s3[1]	s3[2]	s3[3]	s3[4]

图 6-10　3 个一维数组的表示

变量 s1、s2、s3 都是长度为 5 的一维数组,可以表示为有 3 个元素的数组 s,数组 s 的元素又是长度为 5 的一维数组,如图 6-11 所示。我们称这种以一维数组为数据元素的数组为二维数组,即"数组的数组"。从内存分配原理的角度上来说,它们都是一维数组。

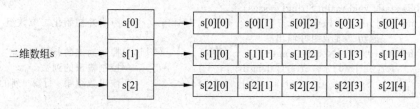

图 6-11 二维数组的表示

2. 如何创建与使用二维数组

二维数组的创建与使用步骤与一维数组相同,包括以下四个步骤:

① 声明二维数组;

② 分配空间;

③ 二维数组赋值;

④ 使用二维数组。

二维数组的
创建与使用

具体说明如下。

(1)声明二维数组。在 Java 中,声明二维数组有以下两种格式:

数据类型[][] 数组名;

或者

数据类型 数组名[][];

例如:

```
int[][] scores;
double weight[][];
```

(2)分配空间。二维数组的分配空间也使用 new 关键字,语法如下:

数组名 = new 数据类型[行数][列数];   //分配空间

例如:

```
scores = new int[30][5];
weight = new double[20][2];
```

(3)二维数组赋值。为二维数组元素赋值的语法如下:

数组名[行][列] = 值;   //分配空间

例如:

```
scores[2][3] = 98;
weight[6][1] = 48.2;
```

对二维数组也可以在声明时赋值。例如,创建一个 3 行 4 列的二维数组,代码如下:

```
int[][] arr = new int{{1,2,3}, {4,5,6}, {7,8,9}};
```

声明时赋值的简化代码如下:

```
int[][] arr = {{1,2,3}, {4,5,6}, {7,8,9}};
```

(4) 二维数组的使用。使用嵌套的循环结构可以实现二维数组的遍历。

【例 6-13】 已知一个 2×3 的二维数组为{{1,2,3},{4,5,6}},请输出该二维数组。

```java
public class ThreeClassScore {
    public static void main(String[] args) {
        int[][] arrs = new int[][]{{1,2,3}, {4,5,6}};      //声明并初始化二维数组
        //遍历二维数组并输出
        for(int i = 0; i < arrs.length; i++){              //控制输出的行数
            for(int j=0; j < arrs[i].length; j++){         //控制输出的列数
                System.out.print(arrs[i][j]+" ");          //输出数组第i行第j列的元素
            }
            System.out.println();                          //输出格式换行
        }
    }
}
```

上述这段代码使用了嵌套的循环结构,外部的循环控制输出的行数,内部的循环控制输出的列数,输出结果如图 6-12 所示。

如果上述这段代码在内层循环结束后缺少了"System.out.println();"语句,则各行数据之间无法换行,输出结果如图 6-13 所示。

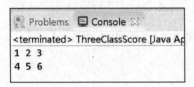

图 6-12　运行结果 4

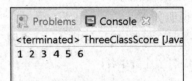

图 6-13　缺少代码的运行结果

【例 6-14】 循环录入 3 个班各 5 名学生的成绩,并输出结果。

```java
Scanner input = new Scanner(System.in);
int[][] scores = new int[3][5];                            //声明一个3行5列的二维数组
//循环录入学员成绩
for(int i = 0; i < scores.length; i++){
    for(int j=0; j < scores[i].length; j++){
        System.out.println("请输入第"+(i+1)+"个班级,第"+(j+1)+"名学生的成绩:");
        scores[i][j] = input.nextInt();
    }
}
//输出学生的成绩
for(int i = 0; i < scores.length; i++){
    System.out.println("第"+(i+1)+"个班级学生的成绩如下:");
    for(int j=0; j < scores[i].length; j++){
        System.out.print(scores[i][j]+" ");
    }
    System.out.println();
}
```

上面的代码中,将 3 个班各 5 名学生的成绩用一个 3 行 5 列的二维数组来表示,每一行表示一个班级的 5 名学生的成绩,然后遍历二维数组,通过键盘动态初始化各班级学生成绩。最后再一次遍历存放各班级学生成绩的二维数组并输出成绩。

6.3.5 对象数组的创建与使用

1. 什么是对象数组

在前面的学习中,我们知道,数组元素可以是任何类型,既包括基本数据类型,也可以是抽象数据类型,比如说类。对象数组,顾名思义就是数组元素是对象的数组。在这种情况下,数组的每一个元素都是一个对象,这些对象都是同一个类中创建的。图 6-14 为一个 Student 类型的对象数组。

图 6-14 一个 Student 类型的对象数组

2. 对象数组的创建

对象数组的创建也有两种方法。

方式 1:先声明,再开辟数组空间,语法如下:

类名称 对象数组名[] = null;
对象数组名 = new 类名称[长度];

方式 2:声明并开辟数组空间同时进行,语法如下:

类名称 对象数组名[] = new 类名称[长度];

下面的代码创建了一个大小为 30 的对象数组 students,每一个数组元素都可以存放一个 Student 对象。

Student[] students=new Student[30];

注意:对于对象数组,使用运算符 new 只是为数组本身分配空间,并没有对数组的元素进行初始化,即数组元素都为空,如图 6-15 所示。

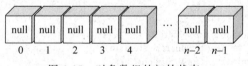

图 6-15 对象数组的初始状态

3. 对象数组的初始化

对象数组的初始化过程就是对数组中的每一个元素对象进行初始化的过程。下面的代码中,使用对象赋值的方式将生成的对象放入对应的数组单元里,如图 6-16 所示。

有时,这种方式过于烦琐,可以使用 for 循环的方式赋值,如下面的代码。

```
Scanner input = new Scanner(System.in);
// 初始化一个长度为 30 的 Student 对象数组,用于存储学生的信息
Student[] students = new Student[30];
// 遍历数组,为每名学生对象赋值
for (int i = 0; i < students.length; i++) {
    // 创建一个新的 Student 对象
```

```
        students[i] = new Student();
        // 提示用户输入第 i+1 名学生的信息
        System.out.println("请输入第"+(i+1)+"名学生的信息:");
        // 读取并存储学生的姓名
        students[i].name = input.next();
        // 读取并存储学生的年龄
        students[i].age = input.nextInt();
    }
```

```
Student[] students = new Student[30];

students[0]=new Student();
students[0].name="张三";
students[0].age=18;

students[1]=new Student();
students[1].name="李四";
students[1].age=19;
```

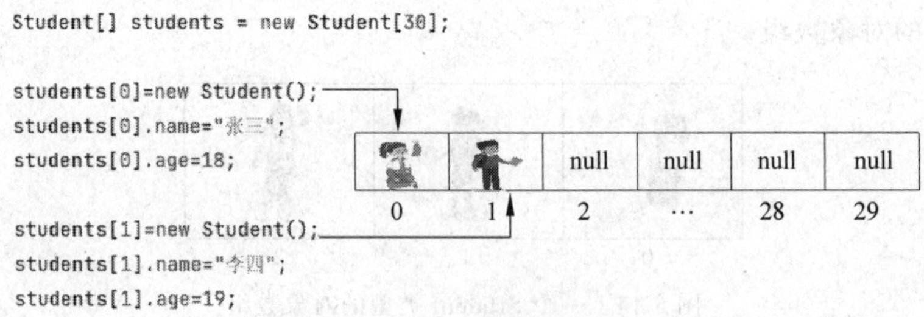

图 6-16　对象数组的赋值

4. 对象数组的使用

创建并初始化对象数组后,即可对对象数组数据进行处理。

【例 6-15】 使用一维对象数组存储 3 名学生的对象信息并进行展示。首先需要设计学生类 Student 的信息,如下所示。

```java
public class Student {
    public String name;
    public int age;

    //显示成员信息
    public void showInfo(){
        System.out.println("姓名:" + name + ",年龄:" + age);
    }
}
```

接下来,创建一个测试类 Main,创建对象数组并进行赋值,最后使用 for 循环进行输出。

```java
import java.util.Scanner;
public class Main {
    public static void main(String[] args) {
        Scanner input = new Scanner(System.in);
        Student[] students = new Student[3];
        for (int i = 0; i < students.length; i++) {
            students[i] = new Student();
            System.out.println("请输入第"+(i+1)+"名学生的信息:");
            System.out.print("姓名:");
            students[i].name = input.next();
            System.out.print("年龄:");
            students[i].age = input.nextInt();
        }
        // 遍历方式 1:使用索引遍历数组,显式访问每名学生的姓名和年龄
        for (int i = 0; i < students.length; i++) {
            System.out.println("姓名:"+students[i].name);
            System.out.println("年龄:"+students[i].age);
        }
    }
}
```

上述代码的遍历方式为：采用 for 循环的方式，通过索引找到每个对象，并打印对象的成员属性，这是第一种遍历方式。

此外，本书还提供了两种遍历方式，它们都有各自的优点，请同学们选择使用。

```
// 遍历方式 2:使用增强 for 循环遍历数组,隐藏了索引的使用,直接访问每名学生对象。通过这种
方式,代码更简洁,可读性更高
for (Student student : students) {
    System.out.println("姓名:"+student.name);
    System.out.println("年龄:"+student.age);
}
// 遍历方式 3:再次使用增强 for 循环,但这次将显示信息的逻辑委托给每名学生的 showInfo()方
法,这种做法封装了信息的展示逻辑,使得学生对象可以控制如何展示自己,提高了代码的灵活性和
可维护性
for (Student student : students) {
    student.showInfo();
}
```

6.4　任务演练

6.4.1　任务 1：显示图书

1. 任务效果

图书销售管理系统中第一个功能就是显示图书，如图 6-17 所示。接到开发任务后，刘星想到，既然使用数组去保存这些图书信息，那是否可以使用循环遍历的方式将数组中的图书信息全部显示出来呢？

```
ISBN      书名              价格/元       销量
------------------------------------------------
0001      Java            100.0        100
0002      Python          200.0        200
```

图 6-17　显示图书信息

2. 任务分析

显示图书信息可以让用户及时了解到目前图书销售系统的图书情况。本任务中的图书数量不大于 100 种，需要显示的图书信息包括图书编号、图书名称、图书单价、图书销量。我们可以设计一个图书类表示这些信息，还可以定义一个数组长度为 100 的一维数组存储图书，再通过数组的遍历显示这些图书。

假设目前系统中只有 3 种图书，则下标为 0 的位置存放第 1 种图书，下标为 1 的位置存放第 2 种图书，下标为 2 的位置存放第 3 种图书。其他位置为对象的默认值 null，如图 6-18 所示。

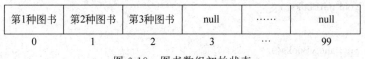

第1种图书	第2种图书	第3种图书	null	……	null
0	1	2	3	…	99

图 6-18　图书数组初始状态

3. 代码实现

（1）新建 Java 项目，名为 BookSystem。在项目中添加一个用于表示图书的 Book 类，并为其添加 4 个成员变量，分别为图书编号、图书名称、图书价格和图书销量。

```java
public class Book {
    public String ISBN;          //图书编号
    public String bookName;      //图书名称
    public double price;         //图书价格
    public int bookSale;         //图书销量
}
```

（2）为 Book 类添加一个成员方法 showInfo()，用于显示图书的相关信息。

```java
public class Book {
...//成员变量
    public void showInfo() {
        String format = "%-10s%-20s%-10s%-10s%n";
        System.out.printf(format, ISBN, bookName, price, bookSale);
    }
}
```

（3）在项目中再创建一个 BookManage 类，并添加一个对象数组 books，用于存放图书信息。

```java
public class BookManage {
    Book[] books = new Book[100];      //该系统最多能管理100种图书
}
```

（4）在 BookManage 类中添加成员方法 initBooks()，预存两种图书。

```java
public class BookManage {
    Book[] books = new Book[100];      //该系统最多能管理100种图书
    //创建的预存2种图书信息方法
    public void initBooks() {
        books[0]=new Book();
        books[0].ISBN="0001";
        books[0].bookName="Java";
        books[0].price=100;
        books[0].bookSale=100;
        books[1]=new Book();
        books[1].ISBN="0002";
        books[1].bookName="Python";
        books[1].price=200;
        books[1].bookSale=200;
    }
}
```

（5）添加成员方法 showBooks()，显示所有图书的信息。

```java
public class BookManage {
    Book[] books = new Book[100];
    //创建预存2种图书信息的方法
    public void initBooks() {
        ...
    }
    public void showBooks() {
        String format = "%-10s%-20s%-10s%-10s%n";
        System.out.printf(format, "ISBN", "书名", "价格", "销量");
```

```
        System.out.println("----------------------------");
        for(int i=0;i<books.length;i++) {
            if(books[i]!=null) {
                books[i].showInfo();
            }
        }
    }
}
```

（6）添加测试主函数 main，实例化 BookManage 对象，调用方法。

```
public static void main(String[] args) {
    BookManage bookManage = new BookManage();
    bookManage.initBooks();
    bookManage.showBooks();
}
```

（7）运行程序，观察运行结果。

4. 代码详解

showBooks()方法代码中数组的长度是按图书最大数量为 100 本设定的，但是数组实际存储的信息可能不到 100 条，其他未存储信息的元素将会是空值 null。空对象是无法调用方法的，因此需要判断数组元素是否为空，只有在不为空的情况下，才能调用 Book 对象的 showInfo()方法。

6.4.2　任务2：新增图书

1. 任务效果

图书销售管理系统中第二个功能是新增图书，如图 6-19 所示。也就是说，要把新的图书加到数组中合适的地方，刘星能做到吗？

图 6-19　新增图书效果

2. 任务分析

书店新进图书后，需要在图书销售管理系统中添加新增图书信息，完成信息入库工作。这个任务首先要判断数组中是否存在 ISBN 相同的图书，如果存在则不允许添加重复的图书信息。接下来，要获取 books 数组中第一个为空的位置，并在空位存入新的图书，如图 6-20 所示。

3. 代码实现

（1）在 BookManage 类中继续添加成员方法 addBook()，完成新增图书的功能。

```java
public class BookManage {
    …
    public void addBook(Book book) {
        // 遍历书籍数组,检查是否已存在相同 ISBN 的书籍
        for(int i=0;i<books.length;i++) {
            // 如果当前书籍不为空且 ISBN 与待添加书籍相同,则表示书籍已存在,终止添加
            if(books[i]!=null&&books[i].ISBN.equals(book.ISBN)) {
                System.out.println("图书已存在,不允许添加!");
                return;
            }
        }
        // 再次遍历书籍数组,找到第一个空的书籍位置,用于添加新书籍
        for(int i=0;i<books.length;i++) {
            // 如果找到空位置,则将新书籍添加到该位置并结束循环
            if(books[i]==null) {
                books[i]=book;
                break;
            }
        }
        System.out.println("新增图书成功!");
        showBooks();        //显示全部图书
    }
}
```

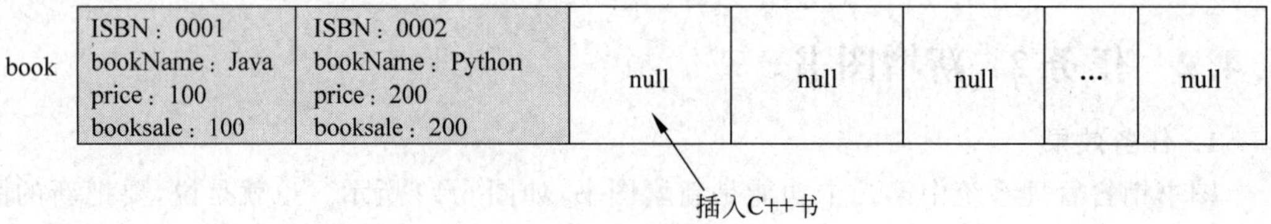

图 6-20   新增图书原理

(2) 在主函数中进行方法调用。

```java
public static void main(String[] args) {
    Scanner scanner=new Scanner(System.in);
    BookManage bookManage = new BookManage();
    bookManage.initBooks();
    //输入图书信息
    System.out.println("请输入图书信息:");
    System.out.print("图书 ISBN:");
    String ISBN = scanner.next();
    System.out.print("图书名称:");
    String bookName = scanner.next();
    System.out.print("图书价格:");
    double price = scanner.nextDouble();
    System.out.print("图书销量:");
    int bookSale = scanner.nextInt();
    //创建图书对象,并将用户输入的信息对对象进行赋值
    Book newbook = new Book();
    newbook.ISBN=ISBN;
    newbook.bookName=bookName;
    newbook.price=price;
    newbook.bookSale=bookSale;
    //调用添加图书方法
```

```
    bookManage.addBook(newbook);
}
```

(3) 运行程序,观察运行结果。

4. 代码详解

在项目 5 中我们曾经学过方法的参数,参数的类型既可以是基础类型,如 int 类型,也可以是一个类。

在设计 addBook()方法时,方法的参数为 Book 类型的对象 book,这是一个形式参数。在方法内部对数组 books 进行循环遍历,查找与对象 book 的 ISBN 相同的图书信息,如果不存在,则可以将 book 直接添加到 books 数组中。

在主函数中,通过创建对象 newbook,并将其传入 addBook()方法,从而完成方法的调用。

6.4.3　任务 3:删除图书

1. 任务效果

图书销售管理系统中第三个功能是删除图书。要把图书从数组中进行删除,也是一个查找图书的过程,如图 6-21 所示。下面来看看刘星是如何设计的。

```
ISBN        书名                    价格        销量
------------------------------------------------
0001        Java                    100.0       100
0002        Python                  200.0       200
请输入要删除的图书ISBN:0001
删除图书成功!
ISBN        书名                    价格        销量
------------------------------------------------
0002        Python                  200.0       200
```

```
ISBN        书名                    价格        销量
------------------------------------------------
0001        Java                    100.0       100
0002        Python                  200.0       200
请输入要删除的图书ISBN:0003
图书不存在,无法删除!
ISBN        书名                    价格        销量
------------------------------------------------
0001        Java                    100.0       100
0002        Python                  200.0       200
```

图 6-21　删除图书效果

2. 任务分析

书店的图书根据销量等情况会做下架处理,需要在系统中删除图书。这个任务首先要判断待删除的图书的 ISBN 是否在数组中,存在才可被删除,否则提示无法删除。对于要删除的图书,定位后直接将该位置的值置为空即可,如图 6-22 所示。

book	ISBN:0001 bookName:Java price:100 booksale:100	ISBN:0002 bookName:Python price:200 booksale:200	null	null	null	…	null

(a) 删除前

book	null	ISBN:0002 bookName:Python price:200 booksale:200	null	null	null	…	null

(b) 删除后

图 6-22　删除原理

3. 代码实现

（1）在 BookManage 类中继续添加成员方法 deleteBook()，完成删除图书的功能。

```
public class BookManage {
…
    public void deleteBook(String ISBN) {
        // 遍历书籍数组，寻找与指定 ISBN 匹配的书籍
        for(int i＝0;i＜books.length;i＋＋) {
            // 检查当前书籍是否为空且 ISBN 是否匹配
            if(books[i]!＝null&&books[i].ISBN.equals(ISBN)) {
                // 将找到的书籍设置为 null，表示已删除
                books[i]＝null;
                // 输出删除成功的消息，并显示当前的书籍列表
                System.out.println("删除图书成功!");
                showBooks();
                // 返回，结束删除操作
                return;
            }
        }
        // 如果遍历完成后仍未找到匹配的书籍，表示书籍不存在，输出相应消息
        System.out.println("图书不存在，无法删除!");
        // 显示当前书籍列表
        showBooks();
    }
}
```

（2）在主函数中进行方法调用。

```
public static void main(String[] args) {
    Scanner scanner＝new Scanner(System.in);
    BookManage bookManage ＝ new BookManage();
    bookManage.initBooks();
    bookManage.showBooks();
    System.out.print("请输入要删除的图书 ISBN:");
    String isbn ＝ scanner.next();
    bookManage.deleteBook(isbn);
}
```

（3）运行程序，观察运行结果。

4. 代码详解

在编写 deleteBook()方法时，参数为用户输入的 ISBN 编号。当该方法收到输入的 ISBN 编号后，将循环遍历 books 数组，找出是否存在和该 ISBN 编号相同的对象，并将其置为空。同学们思考一下，是否可以将 ISBN 编号换成图书名称？并说明原因。

其实，在现实世界中，图书的 ISBN 编号是唯一的，因此如果两种图书的 ISBN 编号相同，则可以断定这是同一本书，而图书名称在很多情况下容易出现同名。因此如果根据图书名称删除图书，有可能出现误删。

6.4.4 任务4：销量统计

1. 任务效果

图书销售管理系统中第四个功能是销量统计，即显示图书的总销量，效果如图 6-23 所示。来看看刘星是如何设计的吧！

```
ISBN      书名              价格        销量
------------------------------------------------
0001      Java             100.0       100
0002      Python           200.0       200
图书销量总和为: 300
```

图 6-23 销量统计效果

2. 任务分析

针对对象数组中某个字段的求和,可以使用循环对数组进行遍历,取出相关的字段值进行累加求和即可。

3. 代码实现

(1) 在 BookManage 类中继续添加成员方法 getBookSale(),完成销量统计的功能。

```java
public int getBookSale() {
    int sum=0;
    for(int i=0;i<books.length;i++) {
        if(books[i]!=null) {
            sum+=books[i].bookSale;
        }
    }
    return sum;
}
```

(2) 在主函数中进行方法调用。

```java
public static void main(String[] args) {
    Scanner scanner=new Scanner(System.in);
    BookManage bookManage = new BookManage();
    bookManage.initBooks();
    bookManage.showBooks();
    int sum = bookManage.getBookSale();
    System.out.println("图书销量总和如下:"+sum);
}
```

(3) 运行程序,观察运行结果。

4. 代码详解

在编写 getBookSale()方法时,将方法的返回值设置为 int 类型,在方法内部完成对books 对象的 bookSale 字段的累加后,将其结果返回即可。

6.5 项目实施

开发图书销售
管理系统

6.5.1 项目效果

在前面的任务中我们创建了四个成员方法,分别完成了显示图书信息、新增图书、删除图书、图书统计的功能。在接下来的项目实施环节,我们将整合这四个功能,完成"图书销售管理系统"的开发。项目的整体运行结果如图 6-24 所示。

(a) 功能1：显示图书

(b) 功能2：新增图书

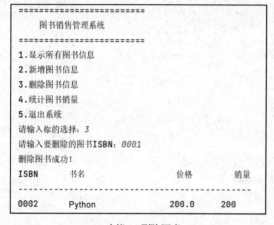

(c) 功能3：删除图书

(d) 功能4：销量分析

图 6-24 "图书销售管理系统"项目运行结果

6.5.2 关键步骤

（1）将任务 1 到任务 4 的四个方法的调用合成在主函数 main()中,同时完成主程序菜单的创建。

```java
public static void main(String[] args) {
    Scanner scanner = new Scanner(System.in);
    BookManage bookManage = new BookManage();
    bookManage.initBooks();
    //显示系统菜单
    System.out.println("========================");
    System.out.println("\t图书销售管理系统");
    System.out.println("========================");
    System.out.println("1.显示所有图书信息");
    System.out.println("2.新增图书信息");
    System.out.println("3.删除图书信息");
```

```
System.out.println("4.统计图书销量");
System.out.println("5.退出系统");
while(true) {
    System.out.print("请输入你的选择:");
    switch(scanner.nextInt()) {
        case 1:
            bookManage.showBooks();
            break;
        case 2:
            System.out.println("请输入图书信息:");
            System.out.print("图书 ISBN:");
            String ISBN = scanner.next();
            System.out.print("图书名称:");
            String bookName = scanner.next();
            System.out.print("图书价格:");
            double price = scanner.nextDouble();
            System.out.print("图书销量:");
            int bookSale = scanner.nextInt();
            Book newbook = new Book();
            newbook.ISBN=ISBN;
            newbook.bookName=bookName;
            newbook.price=price;
            newbook.bookSale=bookSale;
            bookManage.addBook(newbook);
            break;
        case 3:
            System.out.print("请输入要删除的图书 ISBN:");
            String isbn = scanner.next();
            bookManage.deleteBook(isbn);
            break;
        case 4:
            int sum = bookManage.getBookSale();
            System.out.println("图书销量总和如下:"+sum);
            break;
        case 5:
            System.out.println("退出系统");
            System.exit(0);
            break;
        default:
            System.out.println("输入错误,请重新输入!");
    }
}
}
```

（2）保存并运行代码,查看运行结果。

6.6　强化训练

6.6.1　语法自测

扫码完成语法自测题。

自测题.docx

6.6.2　上机强化

(1) 通过循环语句实现两个数组相乘。有两个数组 a[ ]、b[ ],将两个数组中的数据一一对应相乘,得出数组 c,再输出数组 c 和数组 c 的长度。

(2) 创建一个长度为 100 的整型数组 a,并使用 0~100(包含 0 到 100)的随机数进行初始化。先输出数组中元素值为 3 的倍数的数,再输出所有下标为 3 的倍数的元素值。

(3) 在数组 score 中存储某班级 Java 考试成绩,请完成下面的处理:

* 输入班级人数,创建相应大小的数组;
* 使用随机生成的数字(0~100)对该数组赋值;
* 输出该班级的最高成绩、最低成绩、平均成绩;
* 输出及格以上的同学的人数;
* 输出最高成绩和最低成绩的同学的学号(设数组下标即学号,可能有相同成绩);
* 输出该班级按从高到低排序后的成绩。

6.6.3　进阶探究

(1) 如图 6-25 所示,定义一个一维数组存储 5 位学生的名字、一个一维数组存储 6 门课程的名字,再定义一个二维数组存储这 5 位学生的 6 门课的成绩,设计一个"成绩查询系统",可以实现输入学生姓名和课程名称查询成绩。例如,输入学生姓名"刘星"和课程"体育",可知对应的成绩为 100 分。

0	1	2	3	4		0	1	2	3	4	5
张萌	刘星	张浩	李明	赵宝		语文	物理	英语	数学	体育	政治

	0	1	2	3	4
0	95	77	69	96	88
1	78	89	68	88	78
2	82	58	70	85	69
3	96	96	82	91	66
4	93	100	90	82	80
5	80	71	76	90	65

图 6-25　"成绩查询系统"数据存储图

(2) 设计一款通讯录管理系统。要求提供如图 6-26 所示功能。

* 显示通讯录。
* 新增联系人(提供联系人的姓名、手机、阶段、亲密度等信息,其中阶段分如下:小学、初中、高中、大学、其他,亲密度在 1~100)。
* 删除联系人(提供联系人的姓名)。
* 朋友圈分析(分析阶段和亲密度)。

显示通讯录：

序号	姓名	手机	阶段	亲密度
1	张三	15888779988	小学	10
2	李四	13699875489	高中	55
3	王五	15545879741	大学	13
4	娜娜	13911112222	大学	99
5	君君	17899554221	大学	69
6	王总	12555887744	其他	10
7	李生	15877884554	其他	1

朋友圈分析：

小学同学：1 人
初中同学：0 人
高中同学：1 人
大学同学：3 人
其他：2 人
和你最亲密的是：娜娜
和你最不熟的是：李生
朋友圈质量：54（平均亲密度）

图 6-26　"通讯录管理系统"功能效果图

思政驿站

数组下标为什么从 0 开始？

数组是一种基础而强大的数据结构，它允许我们以有序的方式存储和访问大量数据。在大多数编程语言中，数组的下标从 0 开始计数，这一设计背后蕴含着深刻的科学精神和对效率的极致追求。

在计算机的内存中，数组被视为连续存储的一块空间。以一个长度为 10 的 int 类型数组 int [] a = new int[10] 来举例，计算机给数组 a[10] 分配了一块连续内存空间 1000～1039，其中，内存块的首地址是 base_address = 1000，如图 6-27 所示。

从数组存储的内存模型上看，索引或者说下标最确切的定义应该是偏移（offset）。当我们需要访问数组中的某个元素时，会使用一个寻址公式来计算该元素的内存地址。

a[i]_address = base_address + i * data_type_size

如果数组是从 1 开始计数，那么寻址公式就会如下：

a[i]_address = base_address + (i−1) * data_type_size

对比两个公式不难发现，从 1 开始编号，每次随机访问数组元素都多了一次减法运算，对于 CPU 来说，就是多了一次减法指令。数组作为非常基础的数据结构，通过下标随机访

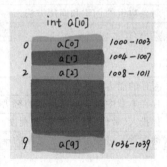

图 6-27　数组的内存分配

问数组元素又是其非常基础的编程操作，效率的优化就要尽可能做到极致。所以为了减少一次减法操作，数组选择了从 0 开始编号，而不是从 1 开始。

C 语言设计者用 0 开始计数数组下标，之后的 Java、JavaScript 等高级语言都效仿了 C 语言，在一定程度上减少了学习成本，因此继续沿用了从 0 开始计数的习惯。

数组下标从 0 开始的设计不仅仅是一个编程语言的规范，更是一种科学精神和效率意识的体现。在数字化时代，编程技术已经成为改变世界的重要力量。通过学习和理解这些设计背后的原理，我们不仅能够提升自己的编程技能，更能培养科学精神和效率意识，为未来的学习和工作打下坚实的基础。

项目小结

　　本项目主要讲解了 Java 数组的基本语法,包括数组的定义、数组的基本要素和存储特点,以及创建步骤,并介绍了数组的典型应用操作,如求最值、排序、数组元素的插入及删除等。最后通过一个图书管理系统综合项目进行了功能代码实现,培养了学生使用数组存储数据解决常见问题的能力,提升了学生追求真理的科学精神和效率意识。

项目评价

自主学习评价表

你学会了					
	好		中		差
	5	4	3	2	1
数组在内存中的存储和排列	◎	◎	◎	◎	◎
声明数组、初始化数组以及访问数组元素	◎	◎	◎	◎	◎
数组的遍历	◎	◎	◎	◎	◎
数组元素的查找	◎	◎	◎	◎	◎
数组元素进行排序和求最值	◎	◎	◎	◎	◎
二维数组的创建和遍历方法	◎	◎	◎	◎	◎
对象数组的创建和遍历方法	◎	◎	◎	◎	◎
你认为					
	总是		一般		从未
	5	4	3	2	1
对你的能力的挑战	◎	◎	◎	◎	◎
你在本章中为成功所付出的努力	◎	◎	◎	◎	◎
你投入(做作业、上课等)的程度	◎	◎	◎	◎	◎
你在学习过程中碰到了怎样的难题?是如何解决的?					
日常生活中有哪些问题或者想法能用所学知识实现?试举例说明。					
看完思政驿站后,说说你的感悟。					

项目 7　AI 自动编程——图书销售管理系统 2.0

技能目标
- 学会通义灵码的下载和安装。
- 掌握使用通义灵码的编程核心场景。
- 能使用通义灵码辅助创建控制台程序。
- 能使用通义灵码辅助创建用户窗体。
- 掌握 AI 编程提示词的基本使用技巧。

知识图谱

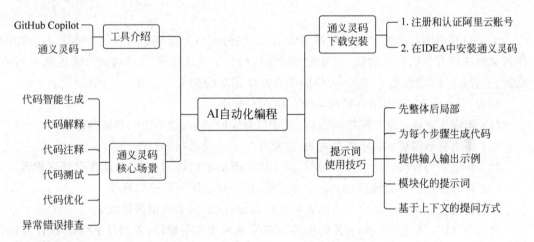

教学重难点

教学重点：
- 通义灵码的下载和安装；
- 通义灵码的编程核心场景；
- 使用通义灵码进行代码生成；
- 使用通义灵码进行代码注释；
- 使用通义灵码进行代码优化。

教学难点：
- 使用通义灵码辅助编程的步骤；
- 通义灵码辅助创建用户窗体；
- AI 编程提示词的基本使用技巧。

7.1　项目任务

在数字化时代,编程已成为一项基本技能,然而学习编程往往需要大量的时间和专业指导。随着人工智能大模型技术的飞速发展,AIGC(人工智能生成内容)在辅助编程领域展现出了巨大的潜力。AIGC自动编程技术的出现,为编程教育和创意实现提供了全新的途径,它能够降低编程的门槛,让更多人能够放飞自己的创意。

在项目7中,我们会带着大家从零开始,用向AI工具提问的方式,快速开发两个创意小程序。接着,将项目6的图书销售管理系统在AI工具的辅助下华丽变身为GUI版本。通过这个过程,大家可以亲身体验到AI自动编程的便捷和强大,感受它如何帮助我们延展自己的知识领域,从而快速提升编写代码的能力。

7.2　需求分析

本项目是将图书销售管理系统改进为GUI(图形用户界面)版本,但这个主题不会具体讲授桌面应用开发的技术内容,项目的大部分代码并不是人类编写的,而是AI工具作用的结果,也就是"团队"作战。当然,各位同学是这个团队的队长。

作为GUI版本,图书销售管理系统存在5个窗体。

(1) 程序主窗体:整个程序的入口,通常包含导航菜单,用于访问其他窗体。

(2) 图书展示窗体:展示图书列表,通常使用表格或者列表视图。

(3) 新增图书窗体:显示一个表单,用于输入新图书的详细信息,并能保存或者取消。

(4) 删除图书窗体:显示一个确认对话框,用于确认图书的删除操作。

(5) 销量统计窗体:显示一个图表和统计数据,展示图书的销售情况。

开发程序时,可以使用JavaFX的控件和布局来构建这些窗体,并通过FXML设计界面,使用控制器类处理逻辑。此外,确保应用程序的样式和主题一致,以提供专业的用户体验。

7.3　技术储备

7.3.1　AI代码生成工具介绍

AI代码生成
工具介绍

1. GitHub Copilot

GitHub Copilot(图7-1)是由全球最大的代码托管平台和开源社区GitHub和全球领先的人工智能研究机构OpenAI合作开发的一款AI编程助手,基于OpenAI的Codex模型。它于2021年6月首次发布,目的是通过AI技术辅助编程,提高开发者的编码效率。

GitHub Copilot的开发始于GitHub对提升编程效率的追求。OpenAI的Codex模型在自然语言处理和代码生成方面展现出巨大潜力,GitHub决定将其集成到开发环境中。自发布以来,GitHub Copilot经历了多次迭代更新,功能不断增强。

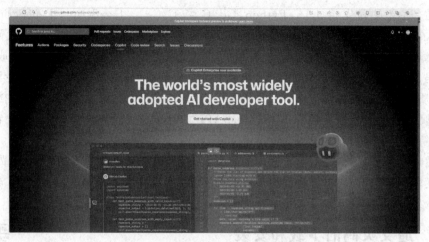

图 7-1　GitHub Copilot 官网首页

它的使用特点包括以下方面。

- 代码补全：根据上下文自动提供代码建议。
- 多语言支持：支持包括 Python、JavaScript、TypeScript 在内的多种编程语言。
- 集成开发环境：与 Visual Studio Code、JetBrains 系列 IDEs 等主流开发工具集成。
- 注释生成：能够根据代码自动生成注释。

GitHub Copilot 是一个强大的编程辅助工具，尤其适合快速开发和学习新语言。它的智能代码补全和注释生成功能极大提升了编码效率。尽管存在隐私和成本方面的考量，但其优势对于许多开发者而言仍具有吸引力。

2. 通义灵码

通义灵码(图 7-2)是阿里云 2023 年推出的一款基于通义大模型的智能编码助手，提供行级/函数级实时续写、自然语言生成代码、单元测试生成、代码优化、注释生成、代码解释、研发智能问答、异常报错排查等能力，并针对阿里云的云服务使用场景调优，为开发者带来高效、流畅的编码体验。

图 7-2　通义灵码官网首页

目前,通义灵码支持 Java、Python、Go、C♯、C/C++、JavaScript、TypeScript、PHP、Ruby、Rust、Scala、Kotlin 等主流编程语言。通义灵码有两大核心能力:一是代码智能生成,经过海量优秀开源代码数据训练,可根据当前代码文件及跨文件的上下文,生成行级/函数级代码、单元测试、代码优化建议等,让开发者沉浸式编码,秒级生成速度,更专注在技术设计,高质高效地完成编码工作。二是研发智能问答,基于海量研发文档、产品文档、通用研发知识、阿里云的云服务文档和 SDK/OpenAPI 文档等进行问答训练,帮助开发者答疑解惑,轻松解决研发问题。

当然还有很重要的一点,对于国内的研发者而言,通义灵码访问方便,完全免费,对中文的支持度较高。接下来,本章将以通义灵码为工具,一步一步带领同学们感受 AI 辅助编程的魅力。

7.3.2 通义灵码的下载和安装

通义灵码支持 Visual Studio Code、JetBrains IDEs 及远程开发场景(Remote SSH、Docker、WSL、Web IDE),安装后登录阿里云账号即可开始使用。接下来以我们常用的 IntelliJ IDEA+Java 为例进行演示。

通义灵码的
下载和安装

1. 注册和认证阿里云账号

通义灵码需要登录阿里云后方可使用。如果你尚未拥有一个阿里云账号,可前往注册阿里云账号。

在浏览器中输入网址进入到阿里云的官方首页,单击"登录"/"注册"按钮,选择一种注册方式,即可快速拥有自己的阿里云账号,如图 7-3 所示。

图 7-3 阿里云注册

使用阿里云个人账号在阿里云官网上购买产品和服务,需要首先完成实名认证。注册成功后,即可进入阿里云的控制台,在此页面进行个人实名认证,如图 7-4 所示。

2. 在 IDEA 中安装通义灵码

在 IntelliJ IDEA 中安装通义灵码有两种方式:从插件市场安装和通过下载安装包安装,大家可任选一种安装方式。

图 7-4 阿里云个人认证

(1) 从插件市场安装。打开 IntelliJ IDEA 欢迎页面(或者 Settings 窗口),在插件(Plugins)市场中搜索 TONGYI Lingma,找到通义灵码后单击 Install 按钮开始安装,如图 7-5 所示。安装完成后,请重启 IntelliJ IDEA。

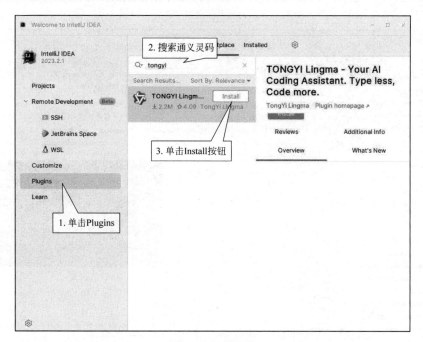

图 7-5 插件安装

(2) 下载安装包安装。首先在通义灵码官网下载离线安装包并保存到本地。在 IntelliJ IDEA 用户界面菜单栏选择 File→Settings 命令,如图 7-6(a)所示,系统将弹出 Settings 对话框。

在对话框左侧导航栏选择 Plugins 选项,在右边出现对应的插件列表。单击齿轮图标
⚙,从下拉菜单中选择 Install Plugin from Disk…选项,选择下载的离线安装包文件完成安
装过程,如图 7-6(b)所示。

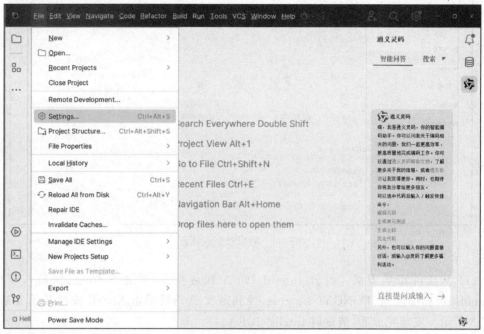

(a) 打开设置窗口

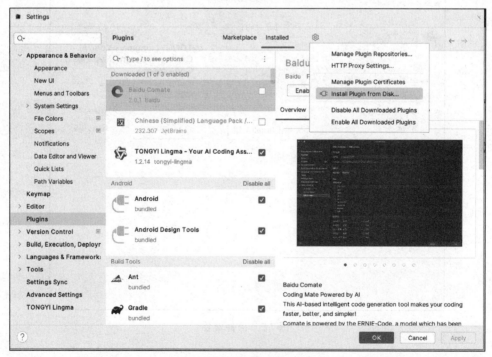

(b) 完成插件安装

图 7-6　文件包安装

3. 登录阿里云账号并开启智能编码之旅

重启 IntelliJ IDEA 后,单击侧边导航的通义灵码,在通义灵码助手的窗口单击"登录"按钮,启动通义灵码,如图 7-7 所示。

接着将前往阿里云官网登录,完成阿里云登录后,即可前往 IDE 客户端开始使用。

图 7-7　启动通义灵码

7.3.3　通义灵码的核心场景

1. 代码智能生成

(1) 行级/函数级实时续写。在 IDE 编辑器区编写代码时,开启自动云端生成模式后,通义灵码会根据当前代码文件及相关代码文件的上下文自动生成行级/函数级的代码建议,此时可以使用快捷键采纳、放弃或查看不同的代码建议。

通义灵码的核心场景

例如,可以在主函数前添加一个注释,要求 AI 写一个冒泡排序算法。此时,AI 将自动创建一个数组,并使用 for 循环语句完成冒泡排序代码的自动生成,如图 7-8 所示。这段自动生成的代码初始颜色是灰色的,当用户决定采用,可以按下 Tab 键接受行间代码;如果不采用,按下 Esc 键即可。

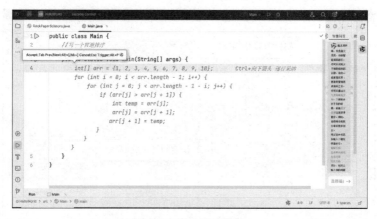

图 7-8　代码实时续写

目前支持的快捷键如表 7-1 所示。

表 7-1　生成代码快捷键

操　　作	macOS	Windows
接受行间代码建议	Tab	Tab
废弃行间代码建议	Esc	Esc
查看上一个行间推荐结果	(option)+[	Alt+[
查看下一个行间推荐结果	(option)+]	Alt+]
手动触发行间代码建议	(option)+P	Alt+P

（2）自然语言生成代码。通义灵码支持两种通过自然语言描述生成代码的方式：在编辑器中，直接通过注释的方式描述你需要的功能，直接在编辑器中生成代码建议，按 Tab 键可直接采纳；在智能问答中，直接描述你需要的功能，智能问答助手将为你生成代码建议，并支持一键插入或复制代码，如图 7-9 所示。

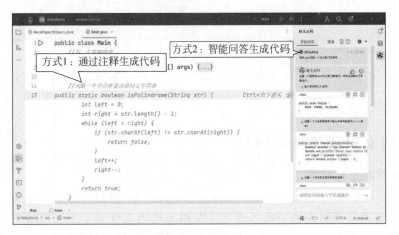

图 7-9　生成代码

2. 代码解释和注释

当对一段代码的功能或者原理不是很清楚的时候，可以选中代码并单击通义灵码的图标，在弹出的菜单中选择解释代码，则该代码的相关解释出现在智能问答中，如图 7-10 所示。

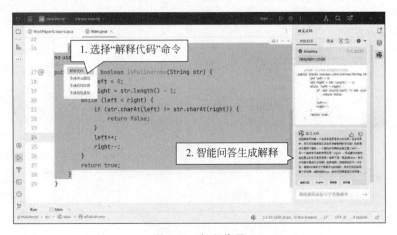

图 7-10　解释代码

同时,通义灵码还提供了代码注释功能,有了它,代码的注释再也不是麻烦事啦。选中代码并单击通义灵码的图标,在弹出的菜单中选择"生成代码注释"命令,则该代码的注释出现在智能问答中,再单击"插入"按钮,即可将注释插入到代码中,如图 7-11 所示。

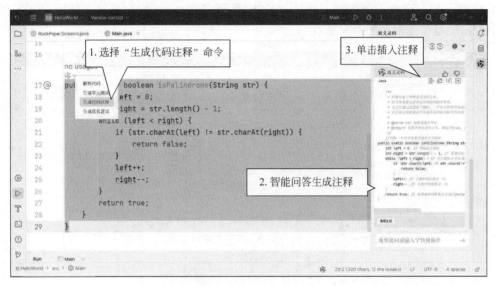

图 7-11　生成代码注释

完成注释后的界面如图 7-12 所示。

图 7-12　完成代码注释

3. 单元测试

单元测试是软件开发过程中的一种验证手段,它专注于对软件中最小的可测试部分进行检查和验证。这些最小的部分通常是指程序中的函数、方法或类。

现在我们想要对项目 4 中的例 4-12 判断一个数是否为素数的代码进行验证。选择这段代码后,单击通义灵码的图标,在弹出的菜单中选择"生成单元测试"命令,则智能问答中出现了四个关于这段代码的单元测试,包含了输入为素数、非素数、1 和负数等情况,如图 7-13 所示。只要有一个用例不通过,则这段代码是存在问题的,开发者就可以仔细调试代码。这也是单元测试的意义所在。

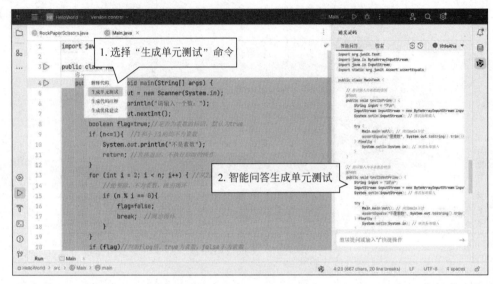

图 7-13　生成单元测试

4. 代码优化

代码优化(图 7-14)是软件开发过程中的一个重要环节,它指的是对现有代码进行改进和调整,以提高程序的性能、可读性、可维护性或满足其他特定目标。

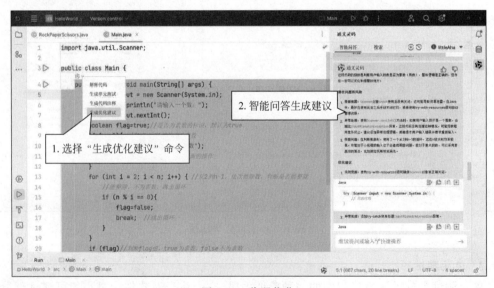

图 7-14　代码优化

现在对上面的案例代码进行优化。选择这段代码后,单击通义灵码的图标,在弹出的菜单中选择"生成优化建议"命令,则智能问答中出现了相关的建议,如图 7-14 所示。仔细观察图 7-15 所示的建议,还是非常有道理的,这也正是 AI 编码的强大之处,可以帮我们把代码写得更好。

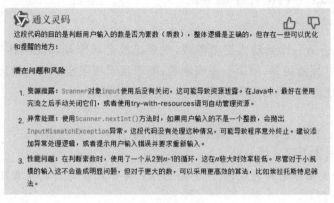

图 7-15　代码优化内容

5. 异常排查

同学们在初学编程的时候,最害怕的就是程序运行出现异常,却无法找到这个错误,通义灵码可以很好地解决这个问题。当运行出现异常报错时,在运行标准输出窗口中,即可看到通义灵码的快捷操作按钮,单击后,通义灵码将结合运行代码、异常堆栈等报错上下文,快速给出排查思路或修复建议。

例如,很多同学在写循环时,常常会弄错循环变量的有效范围。下面是一段错误的循环遍历代码,来看看 AI 是如何帮我们找到错误的吧!

从图 7-16 可以看出,代码出现异常后,单击输出窗口中的 Lingma 按钮,就可以在智能问答区域看到对于该异常的解答。通义灵码不光帮我们找到了错误,还给出了正确的结果,真是编程的好帮手啊!

图 7-16　异常排查

7.4 任务演练

7.4.1 任务1：丛林生存游戏

1. 任务描述

丛林生存挑战是一款互动式答题游戏，主要是教会玩家基本的丛林生存技能和知识。游戏通过模拟丛林探险场景，提出一系列问题，要求玩家在限定时间内做出选择。游戏可以评估玩家的决策能力、对丛林环境的适应力以及生存技能。

2. AI编程

(1) 在IDEA中创建一个Java项目Survival，启用通义灵码插件。

(2) 在智能问答中输入提示词：

使用Java开发丛林生存游戏，采用答题的方式得出玩家是否能在末日生存。采用控制台实现，至少5个问题。

(3) 通义灵码会回复如图7-17所示代码(每次回答不一定相同，可以多生成几次，或者优化提示词)。

图7-17 通义灵码回复代码1

2. 创建问题集合

接下来，定义一组问题作为游戏内容。

Java

```java
List<Question> questions = new ArrayList<>();
questions.add(new Question("你在丛林中发现了一条未知名的蛇，你应该？\nA. 尝试抚摸它\nB. 保持距
questions.add(new Question("夜晚来临，你需要找到一个安全的地方过夜，最佳选择是？\nA. 树上\nB. 山
// 添加更多问题...
```

3. 实现游戏逻辑

编写一个方法来运行游戏，包括提问、接收答案、判断对错，并根据答对的数量给出最终结果。

Java

```java
import java.util.Scanner;

public class JungleSurvivalGame {
    public static void main(String[] args) {
        Scanner scanner = new Scanner(System.in);
        int score = 0;

        for (Question q : questions) {
            System.out.println(q.getQuestionText());
            String answer = scanner.nextLine().trim().toUpperCase();
            if (answer.equals(q.getCorrectAnswer())) {
                System.out.println("回答正确！");
                score++;
            } else {
                System.out.println("回答错误，正确答案是: " + q.getCorrectAnswer());
            }
        }

        System.out.println("游戏结束，你的得分是: " + score + "/" + questions.size());
        if (score >= questions.size() * 0.6) {
            System.out.println("恭喜！你在末日中生存的可能性很高！");
        } else {
            System.out.println("加油！提高你的生存技能，以便在下一次挑战中做得更好！");
        }
    }
}
```

4. 运行游戏

现在，你可以运行JungleSurvivalGame类来开始游戏了。玩家将看到每个问题，并被提示输入答案。游戏结束后，会根据玩家的得分给出相应的生存能力评价。

以上就是使用Java开发一个简单的控制台丛林生存答题游戏的基本框架。你可以根据需要增加更多的问题、复杂的游戏规则或额外的功能，如允许玩家重新回答错误的问题、引入计时器增加紧迫感等。

直接提问或输入"/"快捷操作　　　　　　　　　　　　→

图　7-17（续）

3. 代码实现

上述代码在添加到项目的过程中会出现编译错误。AI 编程就像一个程序员,有时候在理解用户意图的过程中,有可能用到同学们没有学过的语法,甚至会有一些 bug(错误或缺陷),这时可以接着向 AI 提问,或者通过 IDEA 自带的智能提示功能解决。

例如,"List < Question > questions = new ArrayList <>();"这段代码如果直接粘贴到编辑器中,会出现编译错误。这是因为 List 和 ArrayList 是 Java 中预定义的集合接口和类,需要在代码前面导入相应的包。

调整后的代码如下:

【Question. java】

```java
import java.util.ArrayList;
import java.util.List;
public class Question {
    private String questionText;
    private String correctAnswer;
    public Question(String questionText, String correctAnswer) {
        this.questionText = questionText;
        this.correctAnswer = correctAnswer;
    }
    // Getter methods
    public String getQuestionText() {
        return questionText;
    }
    public String getCorrectAnswer() {
        return correctAnswer;
    }
}
```

【Main. java】

```java
import java.util.ArrayList;
import java.util.List;
import java.util.Scanner;
public class Main {
    public static void main(String[] args) {
        List < Question > questions = new ArrayList <>();
        questions.add(new Question("你在丛林中发现了一条未知名的蛇,你应该?\nA. 尝试抚摸它\nB. 保持距离并观察\nC. 立即逃跑", "B"));
        questions.add(new Question("夜晚来临,你需要找到一个安全的地方过夜,最佳选择是?\nA. 树上\nB. 山洞\nC. 开阔地", "A"));
        // 添加更多问题...
        Scanner scanner = new Scanner(System.in);
        int score = 0;
        for (Question q : questions) {
            System.out.println(q.getQuestionText());
```

```java
        String answer = scanner.nextLine().trim().toUpperCase();
        if (answer.equals(q.getCorrectAnswer())) {
            System.out.println("回答正确!");
            score++;
        } else {
            System.out.println("回答错误,正确答案是: " + q.getCorrectAnswer());
        }
    }
    System.out.println("游戏结束,你的得分是: " + score + "/" + questions.size());
    if (score >= questions.size() * 0.6) {
        System.out.println("恭喜!你在末日中生存的可能性很高!");
    } else {
        System.out.println("加油!提高你的生存技能,以便在下一次挑战中做得更好!");
    }
}
}
```

4. 运行结果

对于调整后的代码,我们还可以使用前面的知识对代码进行解释、生成单元测试和进行优化,这里就不再详述了。最后的运行结果如图 7-18 所示。

```
D:\Java\jdk1.8.0_291\bin\java.exe ...
你在丛林中发现了一条未知名的蛇,你应该?
A. 尝试抚摸它
B. 保持距离并观察
C. 立即逃跑
C
回答错误,正确答案是: B
夜晚来临,你需要找到一个安全的地方过夜,最佳选择是?
A. 树上
B. 山洞
C. 开阔地
B
回答错误,正确答案是: A
游戏结束,你的得分是: 0/2
加油! 提高你的生存技能,以便在下一次挑战中做得更好!

Process finished with exit code 0
```

图 7-18 运行结果 1

如果觉得题目还不够多,同学们可以继续利用大模型问答工具,帮助生成更多的题目,使游戏更具可玩性。

7.4.2 任务2：音乐闹钟

1. 任务描述

很多编程语言都支持 GUI（图形用户界面），如 Java 的 JavaFX、Swing，Python 的 PyQt、Tkinter、C++的 QT 等。如果同学们想在不同的操作系统上使用不同的编程语言开发 GUI 应用，需要学习各种语言和框架，耗费的时间成本也很大。有了 AI 编程工具，开发 GUI 应用就轻松多了。

任务2将展示在极短时间内快速完成一个音乐闹钟的 GUI 应用，闹钟既有显示系统时间的功能，也可以通过输入时间进行定时，最后还可以添加音乐闹铃。这个过程同学们同样通过和 AI 编程工具进行交互，一步一步优化代码，最终实现理想的效果。

2. AI 编程

（1）在 IDEA 中创建一个 Java 项目 Clock，启用通义灵码插件。

（2）在智能问答中输入提示词：

请你帮我用 Java 写一个带有图形界面的时钟。

（3）通义灵码会回复如图 7-19 所示代码（每次回答不一定相同，可以多生成几次，或者优化提示词）。

图 7-19 通义灵码回复代码 2

```java
public class DigitalClock extends Application {

    @Override
    public void start(Stage primaryStage) {
        // 创建一个Text对象用于显示时间
        Text clockText = new Text();
        clockText.setFont(Font.font("Digital-7 Mono", 40));

        // 设置初始时间
        updateClock(clockText);

        // 创建一个定时器，每秒更新一次时间
        Animation timer = new TickOnAction(Duration.seconds(1), e -> update
        timer.setCycleCount(Animation.INDEFINITE);
        timer.play();

        // 将Text添加到StackPane布局中
        StackPane root = new StackPane();
        root.getChildren().add(clockText);
        root.setAlignment(Pos.CENTER);

        // 设置场景并显示舞台
        Scene scene = new Scene(root, 300, 100);
        primaryStage.setTitle("Digital Clock");
        primaryStage.setScene(scene);
        primaryStage.show();
    }

    private void updateClock(Text clockText) {
        // 获取当前时间并格式化为HH:mm:ss格式
        LocalDateTime now = LocalDateTime.now();
        DateTimeFormatter formatter = DateTimeFormatter.ofPattern("HH:mm:ss
        String formattedTime = now.format(formatter);
        clockText.setText(formattedTime);
    }

    public static void main(String[] args) {
        launch(args);
    }
}
```

这段代码定义了一个DigitalClock类，继承自Application，这是JavaFX应用程序的入口点。start
方法中，我们创建了一个Text对象用于显示时间，并通过一个定时器（Animation）每秒调用
updateClock方法来更新时间显示。updateClock方法获取当前时间并将其格式化为字符串，然后设
置给Text对象显示。最后，我们在主方法中启动这个应用。

请确保你的JavaFX库路径已正确配置，然后运行上述main方法即可看到一个实时更新的数字时钟。

图　7-19(续)

这段代码引入到程序中，在编译时也出现了类型无法识别的错误，通过继续向智能问答
提问，可以继续修复代码，如图 7-20 所示。

图 7-20　修复代码

运行程序,结果如图 7-21 所示。

（4）在智能问答中继续输入提示词：

增加定时功能,可以在界面上设置多少秒后响应,当到达时间后,闹钟会弹出提示。

（5）修改优化系统代码,将呈现如图 7-22 所示的运行结果。

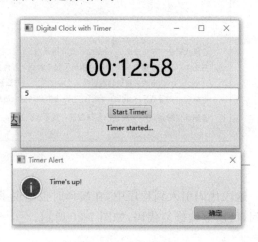

图 7-21　运行结果 2　　　　　　　　　　图 7-22　运行结果 3

（6）继续输入提示词：

除了弹出提示，它还能用播放音乐的库播放名为 alarm.m4a 的音乐来提示用户时间到了。

（7）继续优化代码，并确保 alarm.m4a 在程序中的路径正确，这样当定时结束后，音乐闹铃将准时响起。

3. 代码实现

调整后的代码如下：

```
import javafx.animation.KeyFrame;
import javafx.animation.Timeline;
import javafx.application.Application;
import javafx.application.Platform;
import javafx.geometry.Pos;
import javafx.scene.Scene;
import javafx.scene.control.Button;
import javafx.scene.control.Label;
import javafx.scene.control.TextField;
import javafx.scene.layout.VBox;
import javafx.scene.text.Font;
import javafx.scene.text.Text;
import javafx.stage.Stage;
import javafx.util.Duration;
import javafx.scene.control.Alert;
import javafx.scene.control.Alert.AlertType;
import java.io.File;
import java.time.LocalDateTime;
import java.time.format.DateTimeFormatter;
import javafx.scene.media.Media;
import javafx.scene.media.MediaPlayer;
public class DigitalClockWithTimer extends Application {
    @Override
    public void start(Stage primaryStage) {
        // 数字时钟部分
        Text clockText = new Text();
        clockText.setFont(Font.font("Digital-7 Mono", 40));
        updateClock(clockText);
        Timeline clockTimeline = new Timeline{
                new KeyFrame(Duration.seconds(1), event -> updateClock(clockText))
        };
        clockTimeline.setCycleCount(Timeline.INDEFINITE);
        clockTimeline.play();
        // 定时器部分
        TextField timerInput = new TextField();
        timerInput.setPromptText("Enter seconds to count down");
        Button startButton = new Button("Start Timer");
        Label timerStatus = new Label("");
        startButton.setOnAction(event -> {
            try {
                int seconds = Integer.parseInt(timerInput.getText());
```

```
                    if (seconds > 0) {
                        timerStatus.setText("Timer started...");
                        String musicFile = "alarm.m4a"; // 确保此路径正确指向 alarm.m4a 文件
                        // 初始化 MediaPlayer
                        Media media = new Media(new File(musicFile).toURI().toString());
                        MediaPlayer mediaPlayer = new MediaPlayer(media);
                        Timeline countdownTimeline = new Timeline(
                            new KeyFrame(Duration.seconds(seconds),
                                ae -> {
                                    Platform.runLater(() -> {
                                        Alert alert = new Alert(AlertType.INFORMATION);
                                        alert.setTitle("Timer Alert");
                                        alert.setHeaderText(null);
                                        alert.setContentText("Time's up!");
                                        alert.showAndWait();
                                        timerStatus.setText("");
                                        // 播放音乐
                                        mediaPlayer.play();
                                    });
                                })
                        );
                        countdownTimeline.playFromStart();
                    } else {
                        timerStatus.setText("Please enter a positive number.");
                    }
                } catch (NumberFormatException e) {
                    timerStatus.setText("Invalid input. Please enter a number.");
                }
            });
            VBox layout = new VBox(10, clockText, timerInput, startButton, timerStatus);
            layout.setAlignment(Pos.CENTER);
            Scene scene = new Scene(layout, 400, 200);
            primaryStage.setTitle("Digital Clock with Timer");
            primaryStage.setScene(scene);
            primaryStage.show();
    }
    private void updateClock(Text clockText) {
        LocalDateTime now = LocalDateTime.now();
        DateTimeFormatter formatter = DateTimeFormatter.ofPattern("HH:mm:ss");
        String formattedTime = now.format(formatter);
        clockText.setText(formattedTime);
    }
    public static void main(String[] args) {
        launch(args);
    }
}
```

这里要注意,同学们生成的代码可能和上述代码有所区别,但只要学会多向 AI 工具提问,把 AI 工具当成你的学习助手,就能解决大部分 AI 编程出现的错误。

7.5 项目实施

7.5.1 了解机制

项目 6 的图书销售管理系统是一个控制台程序,如果对 Java 的图形界面编程不了解,同学们可能会无从下手。因此,可以向通义灵码提问,了解将控制台程序转为 GUI 程序的基本步骤。

在项目 6 的开发环境下(已经包含了 Book 类和 BookManage 类),在智能问答区输入以下提示词:

我有一个控制台的图书管理系统,现在我想把它转为 GUI 界面类型的程序,程序语言为 Java,具体步骤是什么?

通义灵码的回复代码如图 7-23 所示。

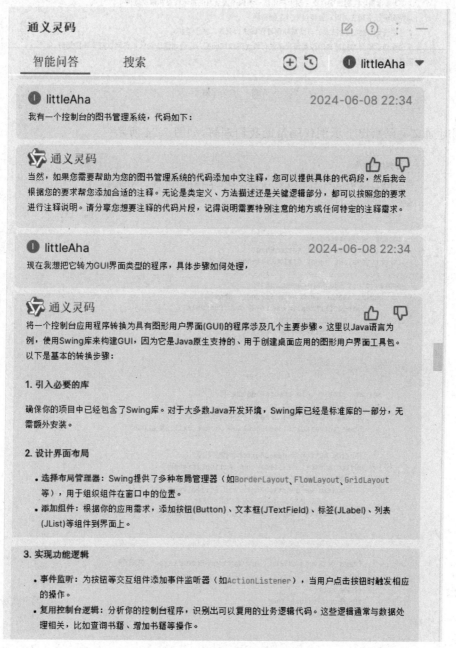

图 7-23　通义灵码回复代码 3

4. 转换控制台逻辑

- 将原本在控制台接收输入和打印输出的部分，改为通过GUI组件（如文本框、标签）来交互。例如，查询结果可以显示在一个 JTextArea 中，而不是打印到控制台。

5. 测试与调试

- 完成上述步骤后，测试你的GUI应用，确保所有功能按预期工作，界面响应良好。

注意事项

- GUI编程相比控制台编程更注重用户体验，考虑添加适当的提示信息和错误处理。
- 界面设计应简洁易用，避免过于复杂的布局。
- 分层设计（如MVC模式）可以帮助保持代码结构清晰，易于维护。

转换过程可能需要你对原有的控制台程序进行较大的结构调整，但通过逐步迭代，你可以逐步将控制台功能迁移到GUI环境中。

图 7-23(续)

同时通义灵码给出了示例代码帮助我们理解，如图 7-24 所示。

示例代码结构

以下是一个非常基础的Swing应用框架，展示如何创建一个简单的窗口并添加一个按钮：

```java
import javax.swing.*;
import java.awt.event.ActionEvent;
import java.awt.event.ActionListener;

public class BookManagerGUI {
    public static void main(String[] args) {
        SwingUtilities.invokeLater(new Runnable() {
            public void run() {
                createAndShowGUI();
            }
        });
    }

    private static void createAndShowGUI() {
        // 创建主窗口
        JFrame frame = new JFrame("图书管理系统");
        frame.setDefaultCloseOperation(JFrame.EXIT_ON_CLOSE);

        // 添加组件
        JButton button = new JButton("查询书籍");
        button.addActionListener(new ActionListener() {
            @Override
            public void actionPerformed(ActionEvent e) {
                // 在这里调用或实现查询书籍的逻辑
                System.out.println("查询书籍功能被触发");
            }
        });
        // 设置布局并添加组件
        frame.getContentPane().add(button, BorderLayout.CENTER);
        // 设置窗口大小并显示
        frame.pack();
        frame.setVisible(true);
    }
}
```

图 7-24　通义灵码回复代码 4

示例代码的运行结果如图 7-25 所示。

通过阅读示例代码,结合通义灵码的代码注释功能,我们了解到,Java GUI 编程机制基于事件驱动模型,其中核心概念是事件监听器和事件对象。

开发者通过创建用户界面组件(如按钮、文本框等),为这些组件添加事件监听器。当用户与组件

图 7-25 运行结果 4

交互,如单击或输入文本,就会触发事件。事件对象包含有关触发事件的信息,如事件源和类型。

事件监听器接口定义了事件处理的方法,开发者需要实现这些方法来定义事件发生时的行为。例如,为按钮添加动作监听器,当按钮被单击时,就会调用监听器的 actionPerformed 方法执行相应的响应代码。

7.5.2 主窗体设计

接下来,分别设计图书销售管理系统的 5 个窗体。首先是程序主窗体,在通义灵码的智能问答区输入以下提示词:

用 Java 设计一个图书销售管理系统的主界面,主界面的标题为"图书销售管理系统",主界面最大化显示,上方是一个菜单,包括四个一级菜单项,分别是显示图书、新增图书、删除图书和销量统计。主界面文件命名为 BookSystemGUI。

通义灵码的回复代码如图 7-26 所示。

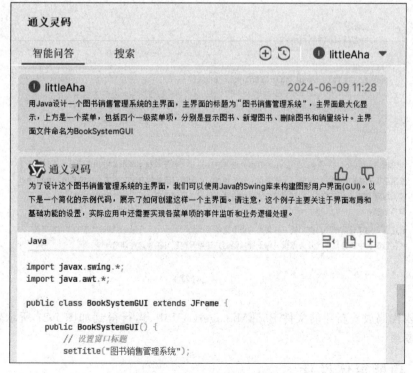

图 7-26 通义灵码回复代码 5

```
// 设置窗口默认为关闭操作
setDefaultCloseOperation(JFrame.EXIT_ON_CLOSE);

// 设置窗口最大化显示
setExtendedState(JFrame.MAXIMIZED_BOTH);

// 创建菜单栏
JMenuBar menuBar = new JMenuBar();

// 创建一级菜单
JMenu menuDisplayBooks = new JMenu("显示图书");
JMenu menuAddBooks = new JMenu("新增图书");
JMenu menuDeleteBooks = new JMenu("删除图书");
JMenu menuSalesStatistics = new JMenu("销量统计");

// 将一级菜单添加到菜单栏
menuBar.add(menuDisplayBooks);
menuBar.add(menuAddBooks);
menuBar.add(menuDeleteBooks);
menuBar.add(menuSalesStatistics);

// 设置菜单栏
setJMenuBar(menuBar);

// 添加一个中央面板，这里仅作为示例，实际可以替换为更复杂的组件布局
JPanel mainPanel = new JPanel();
mainPanel.setLayout(new BorderLayout());
mainPanel.add(new JLabel("欢迎使用图书销售管理系统！", SwingConstants.CE
getContentPane().add(mainPanel);

// 使窗口可见
pack();
setVisible(true);
}

public static void main(String[] args) {
    // 在事件派发线程中运行GUI构建代码，这是Swing程序的标准做法
    SwingUtilities.invokeLater(() -> new BookSystemGUI());
}
}
```

这段代码首先定义了一个BookSystemGUI类，继承自JFrame，用于构建主界面。在构造函数中，我们设置了窗口的基本属性（如标题、关闭操作、显示模式），创建了菜单栏及其下的四个一级菜单，并将它们添加到了窗口上。同时，为了展示如何添加内容，我们在窗口中央放置了一个简单的标签（JLabel）作为示例。

请记住，为了让菜单项具有功能，你需要为每个菜单项添加ActionListener或其他类型的事件监听器，并在监听器中实现具体的业务逻辑。由于篇幅限制，这里没有展开实现这些细节。

图 7-26(续)

将这段代码放入新建的文件 BookManagerGUI 中，运行得到如图 7-27 所示效果，达到了我们的要求。

7.5.3 功能窗体设计

接下来设计功能窗体。以图书展示窗体为例，提示词如下：

186

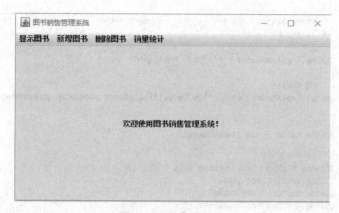

图 7-27　程序主界面

　　选择"显示图书"菜单项,弹出一个子窗口,大小为 300×500 像素,居中显示。子窗口以表格形式显示了所有的图书信息,包括 ISBN、图书编号、价格、销量。

　　通义灵码的回复代码如图 7-28 所示。

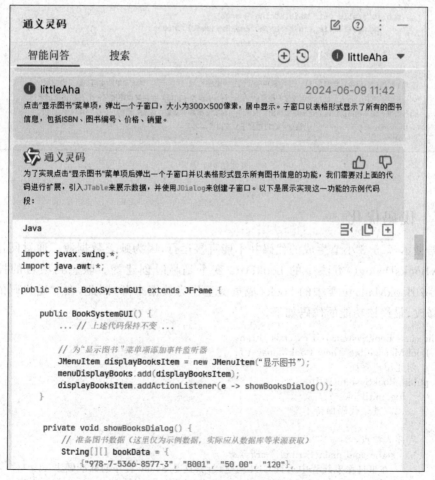

图 7-28　通义灵码回复代码 6

```
            {"978-7-5366-7457-9", "B002", "30.00", "85"},
            // 更多数据...
    };
    String[] columnNames = {"ISBN", "图书编号", "价格", "销量"};

    // 创建表格模型
    DefaultTableModel model = new DefaultTableModel(bookData, columnNames);

    // 创建表格
    JTable table = new JTable(model);

    // 创建并配置子窗口
    JDialog dialog = new JDialog(this, "图书列表", true);
    dialog.setSize(300, 500);
    dialog.setResizable(false);
    dialog.setLocationRelativeTo(this);  // 居中显示

    // 将表格添加到子窗口的滚动窗格中, 以便于查看大量数据
    JScrollPane scrollPane = new JScrollPane(table);
    dialog.getContentPane().add(scrollPane, BorderLayout.CENTER);

    // 显示子窗口
    dialog.setVisible(true);
}

public static void main(String[] args) {
    SwingUtilities.invokeLater(BookSystemGUI::new);
}
}
```

在这个扩展的代码中,我们为"显示图书"菜单项添加了一个 ActionListener,当该菜单项被点击时,会调用 showBooksDialog 方法。此方法创建了一个新的 JDialog 实例作为子窗口,并在其中添加了一个 JTable 来展示图书信息。图书数据以二维数组的形式给出,列名则通过字符串数组指定。最后,通过 setLocationRelativeTo(this) 确保子窗口相对于父窗口居中显示。

图 7-28(续)

7.5.4 代码优化

根据提示;7.5.3 小节生成的代码并不能直接运行,因为缺乏数据源。通过阅读代码可知,showBooksDialog()方法中的 bookData 变量是临时创建的。联想到项目的控制台源码,可以将 BookManage 类中的 books 成员变量作为数据来源,因此,在上述代码的基础上进行了修改,最终该功能的代码如下。

```
public class BookSystemGUI extends JFrame {
    BookManage bm＝new BookManage();
    //创建用户界面
    public BookSystemGUI() {
        bm.initBooks();
        ...//其余代码保持不变
    }
    //程序入口点
    public static void main(String[] args) {
        // 在事件派发线程中运行 GUI 构建代码,这是 Swing 程序的标准做法
        SwingUtilities.invokeLater(() -> new BookSystemGUI());     //运行界面
    }
```

```
// 事件处理方法
private void showBooksDialog() {
    String[][] bookData = new String[bm.books.length][4];
    for (int i = 0; i < bm.books.length && bm.books[i] != null; i++) {
        Book book = bm.books[i];
        bookData[i] = new String[]{book.ISBN, book.bookName, String.valueOf(book.
            price), String.valueOf(book.bookSale)};
    }
    …//其余代码保持不变
}
```

运行结果如图 7-29 所示。

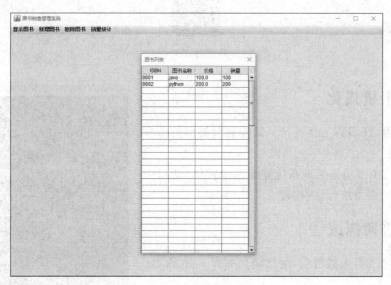

图 7-29　数据展示页面

7.5.5　提示词使用技巧

通过上面两个程序窗体的构建,大家会发现,开发过程中提示词的作用至关重要,它们是人与 AI 协作的桥梁。精心设计的提示词能够显著提升 AI 对编程意图的理解精度,从而加速代码生成和问题解决的过程。以下是 AI 编程提示词的一些小技巧。

(1) 在开始编码之前,最好先询问项目方案的整体技术框架和解决步骤。

(2) 让 AI 在每个步骤之后生成代码,而不是一次生成一堆代码。

(3) 提供具体的输入/输出示例,确保生成的代码能覆盖所需测试场景。

(4) 撰写模块化的 Prompt。将 Prompt 分为明确的模块,如任务描述、输入数据、预期输出、约束条件等,提升代码可读性和交互效率。

(5) 基于代码上下文来提问。在与灵码交互时,附带相关代码片段、报错信息或者项目背景,有助于模型更好地理解任务需求,生成符合现有代码结构和项目逻辑的代码。

总而言之,AI 的角色宛若一位经验丰富的程序员,它不仅拥有广博的编程知识,还具备理解复杂指令的能力。与 AI 交流,就像与一个理解力极强的伙伴对话,它能够聆听你的需求,逐步引导你实现目标。因此,当我们把 AI 看作是一个有思想、能学习的伙伴时,我们就能更好地利用它的能力,让编程变得更加生动和有趣。

7.6 强化训练

7.6.1 语法自测

扫码完成语法自测题。

自测题.docx

7.6.2 上机强化

(1) 使用 AI 编程工具设计一款控制台类型的末日生存小游戏。

(2) 完成图书销售管理系统剩下三个窗体(新增图书、删除图书、图书统计)的构建。

7.6.3 进阶探究

完成一个飞机大战游戏,运行结果如图 7-30 所示。

提示:

(1) 需要从网上搜集飞机大战的游戏素材,如 bullte. svg(子弹图)、enemy. svg(敌机图)、explosion. svg(爆炸图)、player. svg(我方机图)、sound. wav(子弹声音),将其放置在统一的文件夹下。

(2) 逐步优化提示词,完成项目。

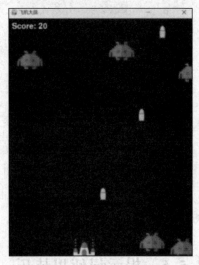

图 7-30　飞机大战运行结果

思政驿站

AIGC 对软件研发的根本性影响

在人工智能技术飞速发展的今天,AIGC 正逐渐成为软件研发领域的关键力量。我们将从四个角度探讨 AIGC 对软件研发产生的深远影响:人员技能提升、协同消耗降低、成本控制,以及未来趋势。

1. 人员技能的快速提升

AIGC 技术在软件研发中的应用,尤其是代码辅助工具(图 7-31),对初级工程师的能力提升效果显著。根据国外研究报告,使用这些工具的初级工程师在某些方面的表现甚至超过了经验丰富的高级工程师。这背后的原因何在?

图 7-31   AI 编程助手

首先,AIGC 工具通过提供代码补全、错误检测和实时反馈等功能,极大地提高了编码效率。对于初级工程师而言,这些工具能够快速弥补他们在经验上的不足,帮助他们更快地掌握编程技能。例如,GitHub Copilot、通义灵码等工具能够根据上下文自动生成代码,减少了初级工程师在编写代码时的犹豫和错误。

其次,AIGC 工具的学习能力和适应性使得它们能够根据用户的编码习惯和风格进行优化,从而提供更加个性化的辅助。这种个性化的辅助不仅加速了初级工程师的成长,也使得他们能够更快地融入团队和项目。

2. 协同消耗的有效降低

在软件研发过程中,团队成员间的沟通和协作往往消耗大量的时间和精力。然而,AIGC 技术的应用有望改变这一现状。通过将 AI 视为一个超级个体,许多简单的、重复性的工作可以直接交由 AI 完成,从而减少人与人之间的沟通成本。

例如,在需求测试阶段,AI 可以自动执行测试用例,快速识别问题所在,减少了对人工测试的依赖。此外,AI 还能够自动生成文档和报告,使得团队成员能够更直观地理解项目进展和需求变更,从而提高整个团队的协作效率。

3. 成本控制的优化

AIGC 技术的另一个重要应用是在成本控制方面。通过自动化和智能化的手段,AI 能够代替大量的事务性工作,从而降低人力成本。据统计,使用 AIGC 技术的代码辅助工具可以减少约 70% 的日常事务性劳动。

这种成本节约不仅体现在减少人力需求上,还体现在提高工作效率上。AI 能够在短时间内处理大量数据和任务,减少了因等待人工处理而产生的延误成本。此外,AI 的持续学习和自我优化能力,也使得其在处理复杂问题时更加高效,进一步降低了研发成本。

4. 未来趋势的展望

随着 AIGC 技术的不断进步,我们有理由相信,它将在未来软件研发中扮演更加重要的角色。首先,AI 的学习能力将使得它在理解复杂问题和提供创新解决方案方面更加出色。其次,AI 与人类的协作模式将进一步优化,实现更加高效和无缝的团队合作。

然而,我们也应看到,AIGC 技术的发展同样带来了一些挑战,如技术更新速度、数据安全和隐私保护等问题。因此,我们需要在享受 AIGC 带来的便利的同时,不断探索和完善相关的技术规范和伦理标准。

AIGC 技术正以前所未有的速度和规模影响着软件研发的各个环节。从人员技能的提升到协同消耗的降低,再到成本控制的优化,AIGC 技术展现出了巨大的潜力和价值。作为大学生,了解和掌握 AIGC 技术不仅能够提升自身的竞争力,更能够为未来的职业生涯开启无限可能。让我们一起拥抱 AIGC,探索软件研发的新篇章。

项目小结

　　本项目主要讲解了使用通义灵码进行 AI 自动化编程的知识,包括通义灵码的下载和安装,以及在 IDEA 中展示通义灵码的核心应用场景,如代码生成、代码解释、代码测试等。并通过两个小而精的案例演示了具体的实现方式。最后将图书销售管理系统项目进行了 AI 优化,形成 GUI 版本。在此过程中,培养了学生使用人工智能大模型工具完成代码辅助编程的能力,提升了学生使用新技术革新传统生产方式并促进社会发展的创新意识。

项目评价

自主学习评价表

你学会了					
	好		中		差
	5	4	3	2	1
通义灵码的下载和安装	◎	◎	◎	◎	◎
通义灵码的编程核心场景	◎	◎	◎	◎	◎
通义灵码辅助创建控制台程序	◎	◎	◎	◎	◎
通义灵码辅助创建用户窗体	◎	◎	◎	◎	◎
AI 编程提示词的基本使用技巧	◎	◎	◎	◎	◎
你认为					
	总是		一般		从未
	5	4	3	2	1
对你的能力的挑战	◎	◎	◎	◎	◎
你在本章中为成功所付出的努力	◎	◎	◎	◎	◎
你投入(做作业、上课等)的程度	◎	◎	◎	◎	◎
你在学习过程中碰到了怎样的难题?是如何解决的?					
日常生活中有哪些问题或者想法能用所学知识实现?试举例说明。					
看完思政驿站后,说说你的感悟。					

附录　ASCII 码表

ASCII 码表

八进制	十六进制	十进制	字符	八进制	十六进制	十进制	字符
0	0	0	nul	35	1d	29	gs
1	1	1	soh	36	1e	30	re
2	2	2	stx	37	1f	31	us
3	3	3	etx	40	20	32	sp
4	4	4	eot	41	21	33	!
5	5	5	enq	42	22	34	"
6	6	6	ack	43	23	35	#
7	7	7	bel	44	24	36	$
10	8	8	bs	45	25	37	%
11	9	9	ht	46	26	38	&
12	0a	10	nl	47	27	39	`
13	0b	11	vt	50	28	40	(
14	0c	12	ff	51	29	41	)
15	0d	13	er	52	2a	42	*
16	0e	14	so	53	2b	43	+
17	0f	15	si	54	2c	44	,
20	10	16	dle	55	2d	45	—
21	11	17	dc1	56	2e	46	.
22	12	18	dc2	57	2f	47	/
23	13	19	dc3	60	30	48	0
24	14	20	dc4	61	31	49	1
25	15	21	nak	62	32	50	2
26	16	22	syn	63	33	51	3
27	17	23	etb	64	34	52	4
30	18	24	can	65	35	53	5
31	19	25	em	66	36	54	6
32	1a	26	sub	67	37	55	7
33	1b	27	esc	70	38	56	8
34	1c	28	fs	71	39	57	9

续表

八进制	十六进制	十进制	字符	八进制	十六进制	十进制	字符
72	3a	58	:	135	5d	93	]
73	3b	59	;	136	5e	94	^
74	3c	60	<	137	5f	95	_
75	3d	61	=	140	60	96	`
76	3e	62	>	141	61	97	a
77	3f	63	?	142	62	98	b
100	40	64	@	143	63	99	c
101	41	65	A	144	64	100	d
102	42	66	B	145	65	101	e
103	43	67	C	146	66	102	f
104	44	68	D	147	67	103	g
105	45	69	E	150	68	104	h
106	46	70	F	151	69	105	i
107	47	71	G	152	6a	106	j
110	48	72	H	153	6b	107	k
111	49	73	I	154	6c	108	l
112	4a	74	J	155	6d	109	m
113	4b	75	K	156	6e	110	n
114	4c	76	L	157	6f	111	o
115	4d	77	M	160	70	112	p
116	4e	78	N	161	71	113	q
117	4f	79	O	162	72	114	r
120	50	80	P	163	73	115	s
121	51	81	Q	164	74	116	t
122	52	82	R	165	75	117	u
123	53	83	S	166	76	118	v
124	54	84	T	167	77	119	w
125	55	85	U	170	78	120	x
126	56	86	V	171	79	121	y
127	57	87	W	172	7a	122	z
130	58	88	X	173	7b	123	{
131	59	89	Y	174	7c	124	|
132	5a	90	Z	175	7d	125	}
133	5b	91	[	176	7e	126	~
134	5c	92	\	177	7f	127	del

参 考 文 献

[1] 张红,胡坚.Java 程序设计案例教程[M].北京:高等教育出版社,2020.

[2] 李兴华,马云涛.第一行 Java 代码[M].北京:人民邮电出版社,2017.

[3] 刘晓英,徐洪波,曾庆斌,等.Java 程序设计基础[M].北京:清华大学出版社,2020.

[4] 李宁.AIGC 自动化编程[M].北京:人民邮电出版社,2023.